大山雀的博物旅行

野花有约

宁波四季赏花之旅

张海华 著　　张可航 绘

宁波出版社
NINGBO PUBLISHING HOUSE

作者简介

张海华 自然名"大山雀",毕业于中山大学哲学系、复旦大学中文系,获哲学学士、文学硕士学位,现为媒体人、自然摄影师、博物作家。有18年野外摄影经验,业余主要致力于野生鸟类、两栖爬行动物、野花、野果、昆虫等方面的拍摄及自然文学创作,著有《云中的风铃:宁波野鸟传奇》《夜遇记》《东钱湖自然笔记》《诗经飞鸟》《神奇鸟类在哪里》等,其中《云中的风铃:宁波野鸟传奇》获首届中国自然好书奖。

插画作者

张可航 喜欢艺术、喜欢做手工的女孩。小时候常跟随父亲张海华到野外进行自然观察。读初中时,开始自学水彩绘画。2017年与2018年,连续近两年每月为《知识就是力量》杂志的《自然笔记》专栏手绘插图。自2017年以来,张海华出版的每一本书,都有她的博物插画。

自序

　　很多人都知道我是一个"鸟人"，非常喜欢拍鸟；但似乎只有
少数人知道，其实我也算得上是一个"花痴"，2023年已是我关注、
拍摄宁波野花的第十个年头。这不能说很长，但也绝对不短。

　　关于寻访野花，我有太多太多的故事要讲。我曾趴在幽暗潮
湿的森林里，只为用镜头表现出微小的金线兰的美，是的，她们的
花朵就像暗夜里的小星星；我曾独自守候在一株盛开的钩距虾脊兰
旁，只为等待阳光透过枝叶，投射到她身上的一瞬间，是的，那一
瞬间，她就像一个翩然起舞的小公主；我曾多次来到高山瀑布旁，
只为看崖壁上的苦苣苔开花了没有，是的，每次走到那块巨岩边，
我都会有一种"近乡情怯"的感觉……

是的，每一次出门寻访某种野花，都像是在赴一个美丽的约会，心中充满了期待。如果真如花友们所说的"花开得正好，我来得正巧"，那就别提有多高兴了。

或许有人会问：你是怎么从一个"鸟人"变成一个"花痴"的？其实，如果读者诸君读过我的《云中的风铃：宁波野鸟传奇》与《夜遇记》这两本书的序言，就会大致了解我的自然探索之路。就时间脉络而言，简言之就是 2005 年开始拍摄鸟类，2012 年开始夜探两栖爬行动物，2014 年开始逐渐关注本地植物，之后还涉及昆虫领域……总之，越到后面，就越"博物"，越像个杂家。但其实，有一点是始终没有改变的，那就是我对乡土自然始终如一的好奇与热爱。我总是想，若能穷一生之精力与所能，用影像与文字，得以呈现宁波自然之美之万一，那将是一件多么荣耀的事！

这说说容易，做起来却很难。植物虽然不会移动，但实际上，就寻找与拍摄而言，其难度一点不亚于会飞的鸟类以及喜在暗夜中出没的蛙蛇。在多年寻花的过程中，如果不是因为得到众多同好的指点、帮助，我是绝对不可能有如今的收获的。在这里，我要特别感谢两位师长：一位是邬坤乾老师，他是带我跨入植物领域的引路人；一位是林海伦老师，他不仅是我寻花之路上时时刻刻的指导者，也是在诸多方面让我仰视与学习的榜样。

我跟邬老师认识纯属偶然。十年前，我负责《宁波晚报》"拍客"版的组稿与编辑工作。有一次采用了邬老师拍的一组蘑菇的照片，觉得很有趣，想认识一下作者。于是约邬老师有空来报社坐坐，一聊方知他是位中草药达人，长期关注、拍摄与药材有关的乡土植物。他与我父亲同龄，当时已退休好几年，但看上去非常年轻，好像只有 50 多岁（后来我常夸他是"踏遍青山人未老"）。我和邬老师一见如故，很快成了忘年交。一开始，我跟着他拍药用植物，后来觉得这个领域涉及的专业知识太多，我吃不消，才改为重点拍摄野花，起初的重点是兰科植物。邬老师真的帮了我很大的忙，他发挥自己在植物爱好者圈内的巨大影响力，广泛地帮我打探消息：哪里有珍稀兰花，哪里的兰花开了……然后我们立即出发去寻找，那时候真的热情高涨，往往不惜长途跋涉，不顾连轴转的疲劳，只为一睹空谷幽兰的美丽容颜。我在 3 年左右的时间里，就拍到了在宁波有分布的大多数兰科植物，乃至花友孙小美曾赠我以"兰疯子"的雅号。

从拍摄兰花开始，我不可避免地掉入了野花这个"坑"。现在，可以自豪地说，我已经拍到了宁波境内有分布的多数有较高观赏价值的野花，其中不乏罕见、珍稀物种。至于具体拍到过多少种，我没有做过统计，但三四百种是肯定有的。在整个过程中，林海伦老师都给了我极大的帮助。林老师几十年如一日，几乎全年无休，都在宁波野外踏访，发现了很多珍稀植物，其中不少属于市级乃至省级的植物分布新记录；最为了不起的，当属发现了"宁波石豆兰"这一兰科新种。所以，林老师完全称得上是极为了解宁波植物分布现状的活地图，不知道多少次，我跟着林老师的足迹，或在林老师的直接指导下，如愿拍到了想拍的野花。这本书里大多数文章都提到了林海伦这个名字，就是最好的证明。另外，我还蒙林老师慷慨相赠，得到了厚厚五卷本的《宁波植物图鉴》。这套巨著全面收录、描述了在其成稿时宁波境内所有已知植物共 3000 多种（含园林栽培种），对于我写这本书作用巨大。

下面简单介绍一下本书的内容。就结构而言，这本小书是以四季为轴，介绍我所见过的宁波大多数野花，具体各有不同：有的

篇章，是集中介绍某个时令（如冬末春初）的野花；有的是介绍某个科属的花（如蔷薇、苦苣苔、石蒜等）；有的则是重点讲一种花的故事（如春兰、毛叶铁线莲、海滨木槿）。就文字风格而言，本书还是以讲故事为主，在此过程中顺带进行简洁的科普介绍。这样写的好处是，可以让对于植物几乎零知识的读者也能愉快阅读。

不过，我得说实话，之所以这么写，实际上也明显带有"藏拙"的意图。因为，我只是一个普通的自然爱好者，绝不是什么植物专家，在植物学中出现的众多术语实在让我非常头大（真的惭愧得很，这一课以后得慢慢补上）；由此，我也不想照搬大量自己也不甚了然的术语来介绍一种花，以免让读者也感到头大。古人所批评的"以其昏昏，使人昭昭"之举，是我想尽量避免的。当然，作为一个业余作者的业余写作，这本书里肯定存在着不少谬误，希望能得到读者的指正。

这里，我想强调的是，"不是专家"这一点，并不妨碍我们去关注、欣赏野花。北京大学哲学系教授、当代中国博物学倡导者刘华杰老师曾说："浮生常博物，记得去看花。"这句话十分有名，常被广大自然爱好者所引用。我想，这句话实际上是在说："看花"实际上体现了一种爱自然、爱博物的人生态度，甚至可以说是一种人生观、一种存在方式。

关于看花，先贤王阳明说过一段著名的话："你未看此花时，此花与汝心同归于寂；你来看此花时，则此花颜色一时明白起来，便知此花不在你的心外。"对于这番话，自古以来已经有无数解读。而在我看来，也不妨对其意义作出这样的引申，即：你不看花时，再美的自然也仿佛不存在，你也不会去关心；而当你看花时，自然之美顿时如绽放的花朵呈现，无须言说，无须证明，你的心灵便被触动，从此"花在你心中"，你会更加关注这个世界。

人生态度的重要性，或者说，人生价值观取向的重要性，是大过于专业知识的。如果你真的热爱野花（或其他动植物），那就完全可以边看花边学习嘛！我敢说，这学习的效率，肯定会很高！

最后，再回到本文一开头提到的"鸟人"与"花痴"的话题。我敢说，今后很长一段时间内，"鸟人"与"花痴"的深度融合将是一种趋势。观鸟与拍鸟这项活动在国内起步算是比较早，尤其在最近二十年里得到了蓬勃发展。因此，目前在中国的自然爱好者群体中，"鸟人"的占比很大，随着时间的推移，越来越多的资深"鸟人"在依旧喜欢鸟类的同时，也开始转向别的博物探索之路，如进入野花、昆虫、兽类、两栖爬行动物等领域；反之亦然，不少早年喜欢植物的人也开始学着观鸟（或关注其他领域）。比如，我的好朋友、宁波知名植物达人小山老师（胡冬平先生），原先一直在探索植物，而近几年他也开始关注身边的鸟类，并且兴味盎然。于是，经常会出现这样的情况：我会不时向小山老师请教有关野花的问题，而他也常会发照片给我，问那是什么鸟。

其实，仔细想想，"分门别类"这件事，本来就是人类为了研究这个世界而发明的"方便法门"，其实大自然本身就是万物互联、彼此共生的。

我相信，一个喜欢博物的人更容易由"格物致知"而做到"触类旁通"，慢慢地就会"师法自然"。表现在生活上，就会少一些计较与矫饰，而多一些平淡与自然。

"久在樊笼里，复得返自然"，岂不快哉？

是为序。

张海华

2023 年 6 月 30 日

目录

野花无言自芳菲 ——————— 001

大地绽放小星星 ——————— 011

春兰之殇 ——————— 023

樱花、海棠及"网红"梨花 ——————— 032

一曲轻弹为知音 ——————— 046

峡谷幽兰 ——————— 055

阳光眷顾的瞬间 ——————— 066

春日山林：秘境之旅 ——————— 074

云中的杜鹃 ——————— 082

野花似蝶 ——————— 093

初夏的素颜 ——————— 104

绥草大年 —————— 117

仙草薄命 —————— 126

为卿忽发少年狂 —————— 134

林暗花明：发现神秘铁线莲 —————— 143

那些叫"苦"的花儿 —————— 154

海滨木槿：宁波你最"潮" —————— 166

夏日忘忧草 —————— 178

云中徒步：野百合探访之旅 —————— 187

三访药百合 —————— 198

水上花 —————— 207

换锦花 —————— 218

夏秋"清奇"野花（上） —————— 227

夏秋"清奇"野花（下） —————— 238

野菊发而幽香 —————— 253

踏雪寻访"雪里开" —————— 268

金缕银缕迎春归 —————— 278

从夏天无到油点草：野花的智慧 —————— 290

野花无言自芳菲

"哇，这花好看！哪里拍的？怎么拍的？"

"就在市区草坪上啊！我趴下来拍的。"我回答。

"那我怎么从来没有发现过？"

"因为你从来没有趴下来过啊！"我笑了。

类似这样的对答，经常发生。有的朋友看了我拍的野花照片觉得漂亮，就以为这花一定很稀奇，或者长在什么偏远地方；也有的朋友说，他见过照片上的花，但觉得远远没有照片上漂亮。

其实呢，花长在哪里不重要，还有谁好看谁不好看，也都很难讲。我倒觉得，怎么"看"一朵野花，这很重要。在赴野花之约前，我很乐意先与大家分享一些自己看花的感受。

犹记2015年夏天，一家三口去宝岛台湾旅行，我自然不会忘了拍一些当地的鸟儿、蛙类，以及野花。到了那里，我发现台湾民众特别喜欢自然观察活动，而且把什么都叫作"赏"，赏花、赏鸟、赏蛙……当然都是到大自然中赏野生物种。

我觉得这"赏"字蛮有意思，它不仅有看的含义，还体现了观察者的心态，即带着一种放松、欣赏的态度去看，而且是认真地细细看——不管被观察对象的"颜值"是高还是低。

我前些年热衷于拍鸟，经常在野外躲进迷彩帐篷里守候，等的时间长了，各种鸟儿都可能靠近。处在放松状态的它们，会在我眼前休息、觅食、喝水、洗澡，秀恩爱者有之，打架者也有之，非常有趣。不管是"菜鸟"（意为很常见的鸟类）如麻雀，还是难得一见且外形飘逸如寿带雄鸟，都很可爱。

深夜在溪流中看蛙也是一样。可能有的人接受不了蛙类的模样，认为它们大多皮肤湿湿滑滑，长相千奇百怪，令人不适。可我经常蹲下来，借着手电光仔细观赏它们的瞳孔，看着看着就入迷。

相比之下，野花真的可以说是雅俗共赏了。四明山里的花儿很多，自不必言，这里且先说说宁波城区的早春小野花。

2016年3月，宁波一帮喜欢植物的人，在热烈讨论永丰库遗址、鼓楼老城墙上的野花。我也特意去看了一下。咦，真没想到，在这车水马龙、人流如潮的闹市中心的小小地块上，居然盛开着好几种野花：蓝紫色的阿拉伯婆婆纳，不仅成小片占领着裸露的泥地，还从石块缝里纷纷探出头来；一

◆ 阿拉伯婆婆纳

丛丛刻叶紫堇，拥挤在矮篱内侧，开得正旺，不知道的人恐怕会以为它们是人工种植的花儿呢；球序卷耳到处都是，白色小花在阳光下迎风摇曳；花形奇特的宝盖草，傲然"举"着如同小火炬一般的花朵。

最低调的，要数通泉草了，它们羞涩地靠着遗址的砖缝，贴地而生，毫不起眼。可是，若俯身细看，你会发现它的花朵长得俏皮得很，仿佛吐舌头的淘气孩子。

哦对了，还有繁缕。繁缕，多么好听的名字。草地上，花盆里，都可以见到。它的花很小，你得俯下身来，才能感受到它的清丽精致之美。

◆ 永丰库遗址旁的刻叶紫堇

◆ 球序卷耳

◆ 永丰库遗址
上的宝盖草

◆ 通泉草

◆ 繁缕

鼓楼老城墙的石缝里，还长着不少紫堇属的小草。3月中旬我去的时候，它们尚未开花，故不确定具体是哪一种。4月9日再去，发现已经开出了不少鲜黄的小花，方知那是小花黄堇。

人来人往，几乎没有谁注意到这些小野花。我尽量蹲着，甚至半趴着，以低角度拍摄它们。这时，有人注意到了我的行为，他们路过时会悄声说："这个人在拍什么呢？好奇怪。"

也是在3月，我曾在万里学院内一块靠近围墙的草坪上，见到粉紫的长萼堇菜零星绽放，稍往里走，便惊喜地发现，数以千计的小花织成了一块紫色地毯。我要感谢这里的园丁，他们没有殷勤照顾这偏僻的角落，所以这些野花才能恣意生长。

长萼堇菜，有个亲戚叫"紫花地丁"，两者长得就像双胞胎。从"地丁"这名字就可以知道，这花是多么不显眼。四顾无人，我便趴了下来，把小相机贴地上，让镜头微微朝上，向离地只有四五厘米的花朵对焦。一瞬间，相机屏幕上的那丛小"地丁"立马变得高大起来，一排教学楼反而成了衬托。我分明看到，这一丛紫色的小"地丁"，都在自信地微笑，微笑在这乍暖还寒的微风里。小花虽柔弱，亦自有尊严。只有当我们尽量俯下身来，以平视的角度来看，才能真正欣赏到上苍所赋予它的美丽细节。

站起身来，我走路都变得小心了，轻柔地抬脚，轻柔地放下，生怕踩坏了这些花儿。继续往前走。不远处，几个女生在拍照，不时传来欢声笑语。忽然，我惊讶地发现，竟有几株老鸦瓣冒出了草坪。这本是开在山里的花儿呀，怎么出现在城区呢？或许，这块草地的泥土原本是在山野之间，可能因为花

◆ 长萼堇菜

◆ 老鸦瓣

繁缕

木移植等原因进了城，也就带来了老鸦瓣的地下鳞茎或种子吧。老鸦瓣，原为百合科郁金香属，前几年才被独立划分为老鸦瓣属，因此早先人们常称它为中国原生的郁金香。我拍了几张，看着那美丽的画面，很想跟人分享我的喜悦。抬头看看不远处的女生，有点想喊她们过来拍，但最终因为害羞而没有出声，怕她们说咱这个大叔别有居心。

不过，说起观察与分享身边的美好，我倒想起了丰子恺先生。读他的《缘缘堂随笔》，常会被一些日常生活的小细节所感动：他会跟孩子们一起看蚂蚁，并且写成一篇很有趣的散文；他会把小船的船窗当作取景的画框，看着河岸摆摊的剃头师傅的一举一动，然后画了一幅有情趣的小画。

所以我相信，那些美丽、有趣的东西，其实到处都有——前提是，你自己得是个有趣的、有情怀的人。

有意思的是，就在宁波的植物爱好者讨论鼓楼城墙上的植物的时候，杭州的几位博物爱好者也在为拱宸桥上的紫堇展开热烈讨论。事情是这样的：有人在拱宸桥的石缝里发现了不少正在开花的紫堇属植物，可是几天后，这些紫堇就被除草剂给灭了。管理部门的理由是，野花野草对文物保护不利。而博物爱好者认为，小小野花绝不会对石桥产生危害，反而可以衬托出古桥的历史厚重感。

终于有人为几朵小花发声请命了。不管结果如何，我都觉得这是件好事。社会确实在进步。

前面说过，在宁波鼓楼的老城墙上，也附生着不少野草，其中包括不少紫堇属的小花黄堇。2023年3月初，我又特

◆ 鼓楼城墙上的小花黄堇

　　意去看了看，发现城墙上的植物大多数还在，希望它们一直生长在那里——让清新的自然与厚重的历史在这里交汇，岂不是好？也许没几个人认识这些植物的种类，但我相信大家都能感受到：有它们在，古老的城墙更美了。

　　野花无言自芳菲，就让它们自在地绽放吧，我们只要学会欣赏就可以了。

大地绽放小星星

　　人们常说"人间最美四月天"，这自然是没错的。春夏之交的江南，绿意葱茏，群芳争艳，热闹是极热闹的，但总有点"乱花渐欲迷人眼"的感觉。因此，就个人而言，我还是更喜欢 2 月到 3 月初的时光。

　　此时的宁波，通常还处在将入春而未入春的时候，放眼望去，山野之间似乎还是一片枯黄萧瑟，但若仔细寻觅——经常得俯身细看——却能发现，小小的野花已在绽放，就像分散在大地上的一颗颗小星星。它们仿佛都在朝你俏皮地眨眼睛，用无声的语言说："我在这里，我在这里！"

　　古人早就表达过类似的感觉："天街小雨润如酥，草色遥看近却无。最是一年春好处,绝胜烟柳满皇都。"(韩愈《早春呈水部张十八员外(其一)》)是的,"草色遥看近却无"带给人的感觉十分微妙,难以言说。接下来,且让我们走入冬末春初的宁波乡野,寻访那些美丽的"报春花"。

"立春"前后,春花初绽

2月里有两个节气,一是立春,二是雨水。立春日通常在2月4日前后。如果按照气象学的标准,"立春"跟"入春"可不是一回事。立春日相对比较固定,而"入春"是指某地持续回暖,当连续5天的日平均气温稳定在10摄氏度以上,才算进入气象意义上的春天。因此,一个地方的入春时间每年都在变化,有时相差甚大。宁波通常的入春时间是3月10日左右,个别年份在2月中旬就入春了。

当然,气象标准管气象标准,植物可不管这一套,它们还是按照内在的节律来表达自己对春意的感受。2021年1月中旬的时候,宁波的植物学家林海伦老师就去考察了北仑穿山半岛的山野,看到毛瑞香已满是花苞。瑞香是传统名花,花色紫红,芳香浓烈,不过宁波没有野生的瑞香分布。而毛瑞香属于瑞香的一个变种,因其花萼外表面有柔毛而得名。林老师赞叹道:"每年春节前后,在宁波的野外,开花的植物少得可怜,而毛瑞香纷纷开花并且香气袭人,真是个难得的香花种类!"

看了林老师的文章,我不禁"蠢蠢欲动",在1月29日

◈ 毛瑞香

特意去了穿山半岛，果然在已拆迁的长坑村附近山中找到了
少量已开花的毛瑞香。这是一种耐寒的常绿灌木，小小的白
花聚集在植株的顶端开放，形成所谓"头状花序"。稍稍凑
近，便能闻到一股浓烈的香味。

　　那天，忽然想起多年前的夏末，我曾在这里拍过盛开的
换锦花，其花紫红中带着幽蓝，美丽而神秘。我觉得，这是
宁波颜值最高的石蒜科野花。我穿过已拆平的村庄，来到靠
海的山林，果然在落叶林下看到许多刚抽出碧绿新叶的换锦
花，顿觉一股春意扑面而来。

　　2021 年 2 月 7 日，我到奉化西坞街道的笔架山中行走。

在古道两边，看到最多的野花是毛花连蕊茶。这种山茶科的植物已进入盛花期，枝头繁花胜雪，引来很多蜜蜂"嗡嗡"乱飞。地面上，溪水中，都有不少掉落的白色花朵。

那天，原本是想看看那里的老鸦瓣开花了没有，因为我以前在那里看到不少花。不过这次去得还是早了点，老鸦瓣只抽出了叶，却没有花。可能这个地方的树还是密了一点，若是在阳光好的开阔地，这个时节应该有开花的植株了。7天后的2月14日（大年初三），我就在鄞州姜山镇的狮山公园里见到了第一批开放的老鸦瓣。

虽然在《野花无言自芳菲》中已经提到过老鸦瓣，但在这里，还是觉得很有必要再介绍一下这种浙江早春的明星野花。它们不惧二月的春寒，早早就孕育了花苞，不过只在阳光明媚的时候充分绽放，阴雨天是"舍不得"打开花苞的，以免错失了早春原本就少见的传粉昆虫。老鸦瓣的叶子细长碧绿，状如韭菜；状如花瓣的花被片为白色，背面有紫红色条纹，清丽素雅，气质宛如小家碧玉。

比老鸦瓣更好看的同属植物，是宽叶老鸦瓣（原先也叫"二叶郁金香"）——宁波还是这种植物的模式标本产地呢。因此可以这么说吧，宁波产的宽叶老鸦瓣是最"正宗"的。宽叶老鸦瓣的盛花期比老鸦瓣稍晚，主要在2月底到3月。

"雨水"来临，花事日盛

立春过后，便是雨水节气。随着气温进一步回升，雨水

◆ 毛花连蕊茶

◆ 老鸦瓣

◆ 宽叶老鸦瓣

亦渐多，得到阳光和水分双重滋润的植物，开始竞相开花。2021年2月28日，先雨后晴，我和小山老师等人一起爬宁海的摩柱峰，同行的花友中，有两位还是专门从广州来宁波的。我们的主要目的，就是观赏、拍摄宽叶老鸦瓣。

摩柱峰，海拔872米，是宁海县东北部的最高峰，因紧邻东海，故那块区域有"东海云顶"之美称。林海伦老师将茶山称为"最高最大最典型的宁海火山口"，其主峰摩柱峰就是一个高耸的火山锥，故茶山顶上多奇岩怪石。

那天，在林中没走多久，就闻到身边传来一股浓烈的味道——不好意思，不是清香，而是一种有点刺鼻的气味。"窄基红褐栲！就是这个味！"小山老师先喊了起来。我知道，这是山茶科栲木属植物的一种，早春开花，花儿如密集的小铃铛。它们那挂着雨水的小花晶莹剔透，十分好看，只是这气味实在不敢恭维。

路边蔷薇科的山莓的花很多，朴素的白色小花。待到春末，就可以品尝它们那美味的果实了。忽见前面另有一种白色的花，它们悬挂在枝条下，花明显比山莓的大。走近了才确认，原来是掌叶覆盆子的花，没想到这么早就开了（通常要到3月下旬）。它的果期比山莓略晚，但果实更大更好吃。

之后来到山脊线上，起初由于没有阳光，宽叶老鸦瓣暂时还没有绽放，花朵上沾满了晶莹的水珠，惹人怜爱。不久天气转好，宽叶老鸦瓣的花朵纷纷开放了，它们的生命力很强，在早春寒冷的高山上的石缝里也能开花。

老鸦瓣与宽叶老鸦瓣长得很像，不过其实不难辨别：一

◆ 窄基红褐枵

◆ 山莓

◆ 开得特别早的掌叶覆盆子

◆ 雨中的宽叶老鸦瓣

是老鸦瓣的叶子非常窄而细，长度远远超过花葶；宽叶老鸦瓣的叶子明显比较宽，且比花葶长不了太多。二是老鸦瓣的花为白色，具有明显的紫色条纹；而宽叶老鸦瓣的花有两种色型，即白色与粉色。宁波所见的宽叶老鸦瓣多为粉色，特别娇艳动人。

2023年的2月18日，我又来了一次高山之旅，这次是前往奉化的商量岗景区。那天，沿途看到好多刚进入花期的四川山矾。这是一种在长江流域常见的，于早春开花的小乔木，在宁波山里几乎处处可见。小花白色，有芳香，一朵紧挨着一朵着生在枝条上，雄蕊明显伸出于花冠之外。

后来到了黄泥浆岗（海拔976米，奉化第一高峰，宁波第二高峰）附近，由于海拔较高，气温明显比平原地区低，极少看到开花的植物。倒是在路边看到了两种开花的椆木，一为窄基红褐椆，另一种不确定具体是哪一种椆木。它们的无数小花挤在一起，像是"粘"在枝条上似的。在这高寒之地，竟依旧有不少熊蜂在访花，令人惊讶。

大地"惊蛰"，小花遍地

3月5日前后，进入惊蛰节气，万物复苏。这个时节，就算不去爬山，只是在郊外的田野里，甚至在小区里走走，也能看到很多种草本小野花。比较常见的，有阿拉伯婆婆纳、碎米荠、荠菜、大巢菜、蒲公英、稻槎（chá）菜以及各种堇菜、紫堇等。

◆ 四川山矾

◆ 熊蜂在柃木属植
物的花上采蜜

◆ 蜜蜂在阿拉伯婆
婆纳的花上采蜜

阿拉伯婆婆纳常成片开花，星星点点，如蓝色的小星星。它又叫波斯婆婆纳，光看名字就知道，这种植物原产于中东地区，不过在几百年前就已经在中国"归化"了。如今几乎遍布全国，生命力极强，无论是公园草坪、路边空地，还是田间地头，都能看到它。

碎米荠和荠菜都是属于十字花科的小草（跟油菜是同一个科），你看花瓣的造型就知道为啥叫"十字"了。2月底，碎米荠也开始成片开放，它的花也非常小，叫作"碎米"也算是名副其实。至于荠菜，想必人人都知道吧，是著名的野菜，宁波野外很常见。碎米荠与荠菜的花长得很像，但这两种草的叶子形状完全不一样。如果不看叶子，光看果实的形状也很容易区分这两者（很多情况下，同一植株上会同时有花和果），碎米荠的果是细长的，而荠菜具有心形的短角果，非常独特。

跟碎米荠、阿拉伯婆婆纳等生长在一起的，还有一种极常见的豆科植物：大巢菜。很久以前，人们常采其作为野菜。

长萼堇菜、犁头草、七星莲、白花堇菜、紫花堇菜等是宁波常见的堇菜科堇菜属野花，均在早春开放。它们的花很小，如果蹲下身来细看，会发现每一朵小花真的有点像披着紫色或白色头巾的村姑，俏丽多姿。我在自家小区河边见到过多种堇菜，其中包括很秀气的七星莲。它的叶子呈莲座状，多白色柔毛；小花白色，最下面的花瓣有紫色斑纹——这就是所谓"蜜标"，即蜜源标记，是在告诉昆虫来这里采蜜，顺便帮着授粉。

早春开花的菊科植物有蒲公英、稻槎菜等。蒲公英大家

◆ 碎米荠

◆ 荠菜

◆ 大巢菜

◆ 七星莲

◆ 蒲公英

◆ 稻槎菜

◆ 猫爪草

◆ 蛇莓

都熟悉，就不多说了。这里单介绍稻槎菜。它们贴地而生，花小，黄色，在宁波的田野里很常见，有时在小区里也可看到。据说，它的嫩叶是可以食用的。

仔细找的话，3月初的小野花已经很多，难以逐一细述，如刻叶紫堇、夏天无等罂粟科紫堇属野花，还有毛茛科的猫爪草、刺果毛茛，以及蔷薇科的蛇莓、三叶委陵菜……最后，再跟大家分享一首唐诗，即杨巨源的《城东早春》："诗家清景在新春，绿柳才黄半未匀。若待上林花似锦，出门俱是看花人。"是啊，赏春也应趁早，因为自然的春光和人的韶华一样易逝。

春兰之殇

　　在汉语中，跟"草"有关的词，大抵带有"平常、微小、不值钱、无关紧要"之类的含义，如草民、草率、草草了事、草菅人命、弃之如草芥等。有一种兰花，俗称"草兰"，固然可能是因为其叶如草，但更大的原因，是它曾经是一种很常见的兰花。

　　是的，"曾经"，这个词没有用错。

　　这就是春兰，大家最熟悉的一种兰花。很多年前，春兰确实是山里最常见的兰科植物，然而很不幸，如今都快成濒危物种了。在最新公布的国家重点保护野生植物名录中，春兰已经被列为国家二级重点保护野生植物。

春兰

2017 年早春，我就亲身经历了一片春兰从盛开到惨遭"团灭"的整个过程，这事至今仍令我非常难过。

春兰如美人

"春兰如美人，不采羞自献。时闻风露香，蓬艾深不见。"（宋苏轼《题杨次公春兰》）读东坡先生的这几句诗，仿佛觉得，春兰是一位生于山野的小家碧玉，清丽脱俗，娇羞动人。

春兰之为物，叶子细长碧绿，质地较硬，微挺如剑；早春二三月，大地萧索，美丽素雅的花朵便悄然绽放，在林下散发出阵阵幽香，沁人心脾。

早年，我只在各种兰展上见过包括春兰在内的各类"国兰"——基本上都是人工培植的园艺品种，从未见过野生兰。从那时起，野生兰花对我而言就有一种神秘感。有那么几年，我大量的业余时间用于拍摄兰科植物，也曾在山间寻寻觅觅，竟始终无缘一睹春兰。直到 2015 年 2 月，热心的邬坤乾老师帮我联系上了比较熟悉本地兰花的老胡，于是三人相约一起去拍春兰。

我从宁波市区驱车出发，到奉化接上邬老师与老胡。老胡告诉我们，现在春兰越来越少，如果一定想要拍到，最好到宁海的深山中去找。于是，我们一路翻山越岭，驶过云雾弥漫的望海岗附近，再下山，来到一处峡谷。老胡说，停车吧，去左边山上的竹林里找找。

山坡很陡，我们手足并用，慢慢往上爬，仔细寻找。没多久，老胡就发现了几丛，可惜它们的花朵竟然全被什么东西吃掉了。老胡说，是"野兽"闻到花香过来吃的。我很吃惊，追问会是什么野兽，他说估计是野兔、獐之类。对此说法，我至今仍半信半疑。

找了很久，总算找到两丛有花的。地形太陡，非常难拍，我几乎是趴在那里拍的。我们不小心把一块挺大的石头踹了下去，惊恐地看着它快速滚下山，最后"砰"的一声巨响，砸在山路上。幸好这地方少有行人，否则后果不堪设想。

趴着拍了两个小时，腰酸背疼，我却仍觉得不满意。春兰的花很秀气，我懊恼自己没有本事用镜头表达出这种美，尤其是这种淡雅、婉约、幽深的意境。

无人亦自芳

为拍春兰跑到宁海深山，开车来回得四个多小时。后来我一直留意在离宁波市区较近的四明山寻找，也曾找到一些。但遗憾的是，等花期再去，发现那几丛竟都没有开花。

2017年春节，我在温州过年，忽然接到花友孙小美的电话，她兴奋地告诉我，她刚刚在四明山的一个小山谷里偶然发现了一个春兰群落，起码有十几丛，而且大多数是有花苞的！

这真是个振奋人心的消息。我马上问明了地点，回到宁波的次日下午，立即去找。很开心，车程不到一个小时。独自进入那个隐秘的山谷，拨开茂密的野草与灌木，走到一个

◆ 春兰及其山野里的生长环境

◆ 春兰

不断滴水的小悬崖下面。崖下有一条微小的溪流，由于在冬季枯水期，水流很小。

春兰的群落就分布在这条小溪沟两侧五六米内。这地方处于谷底，只有下午的三四个小时内，阳光才能穿过疏枝的空隙，照在春兰上。不禁佩服春兰生长的智慧：要湿润，但不能太阴湿；要阳光，但不能太强烈。这谷底的小小一角，难道不是最好的选择吗？

春兰的花苞，外面包裹着或淡绿或浅褐的薄衣，就像竹子根部的尖尖嫩笋，悄然冒出地面；亦如婴儿一般，紧紧依偎着绿叶妈妈的脚跟。我想，估计要到 2 月下旬开花吧，于是悄然退出了山谷。眼看时间还早，索性又沿着附近的古道随便走走。让我惊喜的是，竟然又在路旁发现了一丛春兰，它从垫路石的缝里钻出来，也有一个花苞。

此后，每隔几天，我就会抽空去那里看春兰。眼看着花苞越来越饱满，终于，绿色的花瓣一点点撑破了外层的薄衣。稍稍令人意外的是，那年花期比较晚，直到 3 月 4 日那天去，才看到第一朵春兰刚刚绽放，缕缕幽香让人陶醉。趴下身来，静静观赏、拍摄，早春午后的阳光在兰叶间跳跃，那种感觉实在美好。

北宋著名诗僧惠洪（一名德洪）《早春》诗曰："山中春尚浅，风物丽烟光。涧草殷勤绿，岩花造次香。浮根争附络，细叶正商量。好在幽兰径，无人亦自芳。"

幽兰非俗物，无人而自芳，多好！

几天后再去，先走古道，忽见原有春兰的地方堆了好多

◆ 含苞待放的春兰，不注意看的话，确实像一丛普通的野草

◆ 刚刚绽放的春兰

黄泥，显然有人在那里开挖过，心中顿时一凉。拨开泥土，那丛春兰果然不见了，好不痛惜！赶紧回头，一路小跑来到山谷，还好还好，那里的春兰群落安然无恙，一株不少，而且多数已经开花了。心想，路边那株遭遇不幸，估计是被挖路的人偶然发现才挖走的。

生世本幽谷，岂愿为世娱

2017年4月3日上午，我再次兴冲冲走进那个山谷。然而我发现，原本长着春兰的地方，竟然全是挖开没多久的黄土，所有植株不翼而飞，旁边还有灌木被砍伐的痕迹。我瞬间呆住了，心痛得眼泪差点夺眶而出。

万万没想到，春兰生长在如此隐秘的地方，还是难逃厄运！

前几年买了一本《浙江野花300种精选图谱》，书中说，春兰的野生资源已接近枯竭。野生春兰之所以迅速减少，跟人为采挖有很大关系。我国的兰文化具有悠久的历史，采兰种植的历史至少已有一千多年。不过，学界早有共识，即在唐、五代以前，所谓"兰"是指佩兰之类具有芳香的植物，当时亦称兰草、香草。北宋以后，"兰"的含义才跟现在所说的"国兰"（春兰、墨兰、蕙兰、建兰等）一致，而且以其清雅、幽香、独立的品性深受文人喜爱，种兰、咏兰、画兰均成为风气——如北宋苏辙《种兰》一诗的前四句："兰生幽谷无人识，客种东轩遗我香。知有清芬能解秽，更怜细叶巧凌霜。"

乃至山野村夫也以兰为高雅，进山遇兰，便会顺手挖来自种。

古代社会的森林物种毕竟极为丰富，普通人挖几棵兰花回去种种，并不会对野生资源造成很大影响。而随着近现代工业文明的急剧膨胀，森林资源破坏严重，而且人为的商业化采兰也有愈演愈烈之势。君不见，前些年，只要在电子商务网站上随便一搜，就可看到有很多人在公然出售"下山兰"与"下山石斛"（所谓"下山"，即指刚从山上挖来的新鲜野生兰花）等兰科植物。因此，近年来，无论是用于观赏的国兰，还是所谓具有"神奇药效"的兰花（如铁皮石斛），其野生资源均遭到了巨大破坏，众多兰科植物处在濒危的边缘，也有好多种已接近"野外灭绝"状态。

在这种生态窘境下，重品南宋诗人陆游的《兰》，真是"别有一番滋味在心头"。此诗全文如下：

南岩路最近，饭时已散策。

香来知有兰，遽求乃弗获。

生世本幽谷，岂愿为世娱。

无心托阶庭，当门任君锄。

诗意很简单，陆游是在托兰自咏，寄托不迎合流俗的清高之志。但在我看来，此诗后四句又何尝不是兰花本身的伤心愤怒之声？空谷幽兰，无人自芳，岂愿屈身于花盆，为人所娱？

樱花、海棠及『网红』梨花

　　"桃李不言，下自成蹊。"意思是说，桃和李虽然不会说话，但由于它们花朵美丽、果实可口，于是自然而然会有很多人前来赏花或摘果，久而久之，树下就被踩出了小路。我想，这句古老的谚语用来形容春天盛放的樱花、海棠与梨花，同样再合适不过了。这里，就想和大家分享一下自己在宁波观赏、拍摄后三种花的经历与故事——当然，是以野花为主，兼顾园林栽培植物。

宁波的"樱花谷"

　　和桃、李一样，樱、梨与海棠，都属于蔷薇科，只不过属于不同的属罢了。现在，先来说说野樱花。每年 3 月，是宁波的樱花季，不论是在城市中还是在山野里，都是樱花开得最好的时候，只有少数早樱在 2 月就已开放，而晚樱则是在 4 月之后才进入盛花期。

宁波山里的野樱花有很多种，如迎春樱、浙闽樱、大叶早樱、山樱花、毛叶山樱花等。其中，山樱花与毛叶山樱花比较特别，它们分布在海拔 700 多米的高山上，是宁波的野樱花中花期最晚的，盛花期在 4 月，花瓣白色，极少粉色。不过，要鉴定野樱花的种类有时颇为不易（尤其是对我这样的普通自然爱好者而言），原因是它们大多开花时不见叶（大叶早樱是花与叶同时出现），而长新叶时通常花多数已落，故难以找到某些鉴别特征。

◆ 迎春樱

山樱花

至于公园绿地中的樱花种类就更多了，如钟花樱、染井吉野、大岛樱等。2023年2月底，在宁波植物园，几株率先绽放的早樱，吸引了不少小鸟飞到枝头取食花蜜，其中以暗绿绣眼鸟与白头鹎（bēi）为最多。只见它们摆出各种姿势，将尖尖的喙探入花朵深处吸蜜，弄得嘴上全是花粉。显然，鸟儿们也顺便帮助樱花实现了异花授粉。

◆ 暗绿绣眼鸟吃樱花的花蜜

◆ 白头鹎吃樱花的花蜜

在宁波各地的山里，2月下旬已有不少野樱花（以迎春樱居多，花期特别早）开花了。行走在山路上，有时偶尔抬头，就会望见山坡上有一丛丛或粉或白的野樱花盛开，在新叶未生的落叶林中特别显眼。啊，不知不觉，春天已来到身边。

林海伦老师常说，海曙龙观乡的南坑、铜坑（均为人口稀少的深山里的自然村）及附近奉化溪口镇的商量岗一带，野樱花生长较为集中，是绝佳的观赏点，盛花期通常在每年3月中旬。对此，我很有同感，几乎每年3月都去那一带踏春。不过，我尤其喜欢到铜坑、南坑赏樱，我把那里称为"离宁波市区最近的樱花谷"，因为那里的野樱花最密集，观赏效果最好。遗憾的是，由于山区在修路，普通车辆不被允许进入，因此2023年春天我没能去那里赏樱。

前几年的3月中旬，我都会选一个天气晴好的上午，驱车来到铜坑。那时，一路过去，但见山脚的山鸡椒盛开着满树黄绿色的小花，特别清新悦目，这是一种樟科木姜子属的落叶灌木或小乔木，二三月间开花。到达铜坑后，沿着溪畔小路前行，就进入绝美的"樱花谷"了：就在左前方，溪流之上的整个山坡都可以用"灿如云霞"来形容。是的，漫山遍野，全是盛开的野樱花！此时，太阳刚从山脊线背后升上来不久，阳光斜斜地穿透了满树粉白的娇弱花瓣，让每一棵树都闪闪发亮。

如果说，山坡上的野樱花只能远观，那么溪边的花儿就可以好好地近赏。这地方很难得，就在临溪的山路边，长了好几株不高的浙闽樱，开着雪白的花。林海伦说，龙观的

◆ 龙观乡南坑山坡上的野樱花

◆ 龙观乡铜坑山坡上的野樱花

山里，最常见的有浙闽樱与迎春樱，两者比较直观的区别在于：浙闽樱的花梗明显比迎春樱的要短些，因此浙闽樱的花朵看上去密集如花团，不像迎春樱的花朵比较松散且下垂；而且，浙闽樱的花梗上有很密的柔毛，而迎春樱的花梗接近光滑无毛。

在附近的南坑，野樱花数量之多也不亚于铜坑。不过，我个人感觉，那里的浙闽樱尤其多，山坡上常是雪白一片。4月底，浙闽樱的果实熟了，我尝过，酸甜、不涩，味道还不错。

◆ 浙闽樱花朵特写

◆ 浙闽樱的果实

湖北海棠，花果俱美

说到海棠，大家也都熟悉，宁波市区的公园绿地中就种着不少海棠，有垂丝海棠、西府海棠、湖北海棠等，它们都是蔷薇科苹果属的植物。另外常见的还有贴梗海棠，不过它属于蔷薇科木瓜属，俗称"皱皮木瓜"。我查了一下《宁波植物图鉴（第二卷）》，按照书中所说，上述几种海棠，除湖北海棠在本地有野生分布外，其余在宁波以人工栽培为主。

湖北海棠是一种落叶乔木，在中国分布很广，华东、华中、西南及华南、西北的部分省份都有野生分布。宁波各地的山区，也都有。不过，可能是因为我以前不怎么留意，因此直到2022年春天我才在四明山里拍到湖北海棠。2022年清明节过后，我独自到海曙龙观乡的铜坑村爬山，当时沿着古道一直往上走，到了半山腰，忽见路边山坡上斜伸出一棵小树，其枝头满是白花。看花的外形特征，显然是一种蔷薇科植物。起初，我以为这也是前几天刚在山脚见过的豆梨（蔷薇科梨属），但又觉得不像。直观的区别是，在同一个花序上，豆梨的花明显更多更密，且雄蕊呈紫红色；而眼前的植物，长在同一个花序上的花只有4—6朵，且雄蕊为黄色，另外其叶子多红褐色，这也与豆梨的叶不同。回家后翻书，方知新拍到的是湖北海棠。

大诗人苏东坡写过一首著名的《海棠》，诗云："东风袅袅泛崇光，香雾空蒙月转廊。只恐夜深花睡去，故烧高烛照红妆。"东坡先生把春日的海棠花比作慵懒的美人，舍不得

◆ 湖北海棠

◆ 垂丝海棠

"夜深花睡去"，还要拿蜡烛去照一下红颜。确实，4月，当公园里的垂丝海棠盛开的时候，那朵朵低垂的粉红的花儿恰似少女脸上的红晕，娇艳不可方物。相较而言，湖北海棠的花有的为纯白色，有的则为粉白，虽没有垂丝海棠那般艳丽，但多了几分清纯。

后来，由于修路而封道，我也就不能在秋天去铜坑寻找湖北海棠的果实了。没想到，2022年11月，我偶尔到宁波植物园走走，惊喜地看到那里有好多挂着"湖北海棠"字样的树。当然，此时的湖北海棠已经落尽了叶子，枝头挂满了微红的果实，就像无数微小的苹果，十分诱人。抱着好奇的心情，我摘了一颗放嘴里，虽说有点硬有点涩，但总的来说还算是酸甜可口，并不难吃。当然，湖北海棠准备了这么多既艳丽又美味的果实，并不是为了给人类吃的，主要是为鸟类提供的——因为小鸟啄食之后，可以通过排泄帮植物传播种子呀！

◆ 黑尾蜡嘴雀吃湖北海棠的果实

梨花如雪笑春风

至于宁波的蔷薇科梨属野生植物，则只有两种，即豆梨与麻梨，前者在本地分布很广，而后者见于余姚、宁海、奉化海拔600米以上的高山上（据《宁波植物图鉴》）。因此，我们在野外见到的梨花，通常都是豆梨。

说到赏梨花，2023年3月的一件"盛事"不可不提，那就是关于东钱湖利民村湖畔的"网红"梨树的故事。在3月上旬，我就听说，有无数的人专门去那里看这一株花开胜雪、临水自照的梨树。人多到什么程度呢？就是到了几乎无法在湖边立足，差点要被挤到湖中的程度。因此，我看到一个同事在朋友圈里说，为了确保看到这一树梨花，她清晨5点出门了。

而我，一向是个不爱凑热闹的人，且心想那株树是村民自种的，并非野生，因此没有太大的拍摄欲望。后来，听花友"三哥"说，东钱湖的"网红"梨树很可能也是豆梨（也就是说跟野生的一样），才于3月19日去了一趟，可惜到了那里发现盛花期已过，已经是绿叶多于白花了。看了花和叶的特征，确实跟豆梨非常像，但我不能确认这株树是否就是从野外移植过来的。

向来，我重点拍摄的是野生动植物。2023年3月中旬，我读到"三哥"写的一篇关于野生的"梨王"的文章，不禁非常心动，次日即去寻访。这株"梨王"也是豆梨，也生长在东

盛开的豆梨

钱湖旅游度假区，只不过不是在湖边，而是在山中的一个小水库的库尾。

那天下午3点多，我忙完其他事之后，匆匆赶到那里。在水库边迎面碰到一行人沿着古道往外走，其中一个男的见我手里拿着相机，就说："你是来拍那株树的吧？赶紧了，估计太阳快要照不到树了。"我立即加快脚步过去，很快见到右手边的树丛里透出一抹闪亮的雪白。原来，太阳即将落到山的另一侧，刚好把一束光打在了树冠的顶部。

令我惊讶的是，竟然有一条小路直接通往这棵豆梨树的下面，可见最近几年来欣赏、拍摄它的人一定不少。因为，它长在水库岸边，如果不是因为要下去看花，应该没人会往下走的。不过，2023年的春天，水位很低，因此我可以很方便地走下去观察整棵树。下去之后才发现，这里其实有两株豆梨，另一株就在斜对面，但没有我身边这株大。

"三哥"在其文章里说，他最初是在2016年3月发现这棵豆梨的，"乐行山野十余年，从未见过如此美丽而高大的豆梨树，称之梨王，名副其实。每年三月，一到花期，就去探芳"。"三哥"说得没错，这株"梨王"不仅树大、花繁，而且树形很好，约一半树冠是呈斜伸状态的，可以想象，在湖水充盈、碧波如镜的时候，那满树梨花以碧波为镜，顾影自喜的模样，会是何等的美丽！

那天，由于那棵豆梨很快就处在了山的阴影里，我没有多拍就回家了。次日上午，天气依旧晴好，我又去了一趟。这回，但见整株树在阳光下闪闪发亮，所谓"一树梨花照山

◆ 豆梨与访花的大蜂虻

明"，果然不假。很多昆虫在花丛中飞舞，我拍到一种长得很特别的小飞虫，很像蜜蜂但其实不是，后来向朋友请教方知是大蜂虻（也叫长吻蜂虻）。

　　拍完已近中午，上岸准备返程时，见到两位女士从山中沿古道走来。忽听其中一位发出一声惊呼："哇，什么花？雪白一片，真好看！"我说，是野生的豆梨，开得正好，赶紧下去拍吧！这两位非常高兴，立即拿出手机，沿着前人踩出的小径走到了树下。看来，这棵豆梨虽然长在相对偏僻的山里，但离成为"网红"估计也不远了。

一曲轻弹为知音

3月中旬之后，草长莺飞，真正的春天来了。

鸟儿们的歌唱表演已沉寂了一冬，而煦暖的南风仿佛送来了清甜的润喉剂，让小鸟忍不住准备秀一秀美妙的嗓音。无数的野花，好像一夜之间从地面冒了出来，点缀着逐渐变绿的大地。每一朵在风中、在阳光下轻摇的小花，也好似一个个小喇叭，正以无声的语言，"唱"出同样动人心弦的春之序曲。

不过，有的野花，由于过于美丽、稀有，因此绝不会轻易现身。她那美妙"歌声"，除了献给大自然，就只有苦苦寻觅她、真爱她的人才会"听"到。

一叶一花，遗世而独立

这里要说的，就是关于独花兰的故事。在浙江，一年中最早开放的野生兰花是春兰，2月就进入花期了。接下来，就应该是独花兰、小沼兰与大花无柱兰了，花期通常在3月下旬至4月。

多年前，我第一次在朋友的照片上看到盛开的独花兰，心中就暗暗惊呼：天哪，竟然有这么美丽而且自带"仙气"的兰花！真的，这里所谓"仙气"，就是指一种"遗世而独立"的不凡气质。大家可以想象一下：在人迹罕至、满是落叶的山林中，灰黄平淡的地面上竟然冒出一朵娇艳无比的粉色花朵，简直把周边的森林都点亮了，这是一种什么样的感觉？

这里，有必要先简单介绍一下这位早春山中的"小仙女"。独花兰，多年生草本，为中国特有的兰科植物，零星分布于华东、华中及陕西、四川等地；它也是国内最稀有的野生兰花之一，目前被列为国家二级重点保护野生植物。据记载，在宁波，独花兰仅见于宁海、奉化、海曙的深山的极个别地方。

独花兰是一种很独特的兰科植物，整个植株只具一枚叶、一朵花，叶片和花葶都是从地下的假鳞茎中直接抽生出来的，因此民间常称其为"独叶一枝花"。不过，在野外，它接近地面的叶子由于常被落叶盖住，因此一眼看过去，可能只看到花，而不见叶。如今，在野外，有"七叶一枝花"之称

◆ 独花兰

的华重楼也已越来越少见，而这"独叶一枝花"的独花兰则不知要比前者更珍稀多少倍。

宁波目前已知的野生兰科植物有50多种，大多数种类的花比较微小，以直径1—2厘米的居多，甚至有的兰花的单朵直径只有1毫米多（如小沼兰）。相对而言，白及的花算大了，其直径也就4厘米左右，而独花兰的直径可达5—6厘米，再加上其中央的唇瓣也特别大（春兰的直径不比独花兰短，但唇瓣明显较小），因此可以说，独花兰是宁波兰科植物中单朵花朵最大的一种。

众里寻她千百度

前面把独花兰比作卓尔不凡的小仙女，那么，想要见到这位美人自然是很不容易的。独花兰本身的繁殖能力很弱，自然分布的就很少；而近些年，由于生存环境恶化、违法采挖等因素，使这种植物已经处于濒危乃至极度濒危状态。

虽然独花兰在宁波也有分布，但多年来，极少有专业人士真正在野外见到过。而我，作为一名业余自然爱好者，更不敢指望自己能有幸一睹独花兰的芳容——更不用说是在宁波本地。后来，有赖于林海伦老师的发现，机缘终于来了。

历经多年苦寻，林老师终于在2016年4月初，于宁海县的深山中找到了盛开的独花兰。那一年春天，在事后讲述偶遇独花兰时的情景，林老师依旧难抑激动之情：

"之前，我打听到有药农曾在宁海的高山上发现过独花兰，于是一直在当地搜寻，但始终未见。后来，我都感觉已没有希望了，谁知有一次，在穿越海拔才300多米的山坡密林时，望见不远处铺满枯叶的地面上有一朵淡紫色的花，起初还以为是宽叶老鸦瓣。跑过去一看，我的天哪，居然是独花兰，真所谓'踏破铁鞋无觅处，得来全不费工夫'，我都不敢相信自己的眼睛了！"

那天，林老师在现场发现4株独花兰，其中开花的只有一株，紧挨在一起的另一株只有叶片没有花，另外两株还是小苗。随后，林老师以发现地为中心展开了更大范围的搜索，但足足找了两个多小时，都没有发现其他植株。

一年后的4月4日，我有幸跟着林老师以及其他师友，一起到宁海山中寻访独花兰。犹记得，那天心情特别激动，就像读小学时要出发去春游一样。刚进入溪谷，就见到普陀杜鹃、野山桃、浙江红山茶等开得正好，一片姹紫嫣红的盛况。而落叶林的地面上，云台南星也在盛开，其花形非常独特，具有天南星科植物典型的佛焰苞(天南星科植物的花序外面常有一片大型总苞片，形似庙里供佛的烛台，故称为佛焰苞)；少花万寿竹、华重楼等才冒出地面没多久，整个植株特别鲜绿；钩距虾脊兰已经抽出了绿色的花葶，其上满是花苞；路边的石缝里，桔梗科的袋果草开出了带紫纹的白色小花，非常清丽。我一下子被这美丽的地方迷住了。

沿着小路一直往上走，到了半山腰的某地，林老师停住了。他说，独花兰就在附近！果然，他带着我们走到溪边一小块洒满阳光的开阔地，我果然看到一朵粉紫的花挺立于落

◆ 普陀杜鹃

◆ 野山桃

◆ 浙江红山茶

◆ 云台南星

◆ 已有花苞的钩距虾脊兰

◆ 袋果草

叶层之上!

于是,几个人或趴或跪,仔细观赏、拍摄这艳丽动人的花儿——说句玩笑话,此时说我们是"拜倒在独花兰的石榴裙下"也不为过。现场有多株独花兰,但开花的只有一株,其他的都只见到叶子。独花兰的叶子正面为绿色,背面紫红色。花为对称性结构,分内外两轮。外轮有3枚萼片,分别为顶上1枚,还有侧面2枚,好似张开的双臂呵护着里面的花朵;内轮的花瓣也是3枚,其中最明显的自然是中央的唇瓣。宽阔且向上翻卷的唇瓣上有深红色的斑点,唇瓣的基部则向下延伸为一个漏斗形的"距"。通常来说,距是贮存花蜜的器官,但独花兰的距里面并没有花蜜,因此带有"欺骗"授粉昆虫的性质。

拍完这朵花,我们继续前行,在另一个地方又发现了一朵独花兰。这朵花的颜色很浅,只有很淡的粉色,整体接近白色。

尾声:惊喜再次降临

自从在宁海发现独花兰之后,一晃几年过去,宁波又没有了新发现独花兰的消息。直到2022年初,又是了不起的林海伦老师,在海曙区龙观乡的深山中再次发现了独花兰。而且,这里的独花兰已经形成一个较大的群落,总共有二三十株。2022年3月底,林海伦再次去那里观察,看到现场有7朵花盛开,他开心地称之为"七朵金花犹如七仙女下

◆ 独花兰

◆ 独花兰叶子背后为紫红色

◆ 独花兰花朵特写（林海伦摄）

凡来跳舞"。该处的独花兰是宁波四明山区目前唯一的已知分布点，其意义之重大可想而知。

为了保护这些珍贵而美丽的"仙女"，林海伦守口如瓶，没有向外界透露其分布地点。我觉得确实应该这样做。

林海伦两次"偶然"找到独花兰，为什么都是他能找到？我想大家都知道，这既是偶然，也是必然。我多么希望，某一年自己在春天独行山野的时候，也能与独花兰有一次美妙的邂逅。

念念不忘，必有回响。

我宁愿相信，早春时节，在静寂的深山荒野中，无意和众芳争艳的独花兰悄然绽放，仿佛一曲轻弹，只送给痴心寻找她的人听。

林海伦一定"听"到了，才依照冥冥中的指引，来到了她的身边。

峡谷幽兰

　　4 月仲春，鸟语花香，蜂飞蝶舞，阅尽繁华。当此之时，有一类花儿却在清幽僻静之地悄然绽放，那就是野生兰花。它们数量稀少，亦无意与群芳争春，正如清代郑板桥《高山幽兰》一诗所赞美："千古幽贞是此花，不求闻达只烟霞。采樵或恐通来路，更取高山一片遮。"现在，就让我们一起走进宁波山中的幽深峡谷，寻找那些美丽而稀有的野生兰花。

岩壁上的"小仙女"

　　在宁波，有一种兰花，我 10 年前就拍到过了，但我依旧每年都去观赏、拍摄，可谓百看不厌——那就是大花无柱兰。这是一种主产于浙江的珍稀濒危植物，而且其模式标本就采于宁波。

大花无柱兰的盛花期在3月底到4月上旬。在宁波，它们最喜欢生长在丹霞地貌的湿润石壁上。每一株大花无柱兰只有一枚长在基部的绿叶，纤细的花葶最多只有十几厘米高，淡紫红色的小花生于花葶顶端，非常精致。很多花在一起盛开的话，看起来就像是一群小仙女在迎风舞蹈，清丽可人。通常，一株大花无柱兰只开一朵花，少数具有两到三朵花。2023年4月初，林海伦老师在奉化溪口的山里，竟见到一株大花无柱兰上有5朵花（其中3朵已开，还有2个是花苞），可以说是极品了。

所谓"大花无柱兰"，自然是说，它的花在兰科无柱兰属植物中已经算是大的。我在杭州临安的天目山中还见过细葶无柱兰（宁波也有，但我没有见过）的花，这种无柱兰也喜欢长在有覆土的岩石上，一根花葶上可以开十几朵花，但每一朵花都非常微小，恐怕只有大花无柱兰的花的三分之一大小。

与大花无柱兰生长在类似环境中的，是小沼兰。很多时候，在大花无柱兰的旁边，就能发现小沼兰。小沼兰的植株更小，卵形的绿叶几乎平铺在常年渗水的岩壁上，一根花葶上居然有10—20朵极小的黄绿色小花——实在太小太小，需要用放大镜才能看清楚是一朵花。尽管如此微小，但在微距镜头下，它依然如此惊艳。它们成片地绽放在缺乏阳光的岩壁上，路过的人根本不会看一眼，它们的低调与美丽，就像隐于尘世的君子。

◆ 大花无柱兰

◆ 大花无柱兰喜欢长在湿润的丹霞地貌的石壁上

◆ 大花无柱兰具有长长的距，像条拖长的小尾巴

◆ 小沼兰

扎根于悬崖的白及

宁波的野生兰花中，若论花朵之美丽华贵，恐怕要数白及(有的书中也写作"白芨")最令人折服。我曾于某一年的4月下旬，在四明山的一处悬崖上，见到过大片的白及。它们长在很高的地方，人根本不可能爬上去近观。只需要石缝间薄薄的一层泥土，它们就能恣意地生长。白及的一根花葶上可开3—10朵花，它们通常呈粉紫色，而且比较大，唇瓣上面有几条纵褶片，颇为与众不同。我用双筒望远镜仔细观察，只见几十朵花在阳光下显得那样耀眼，令人不禁为生命的顽强与美丽而感叹、喝彩。

本来，白及在平地上也有很多分布，然而正是因为白及太美了，且具有药用价值，以至于长在平地上的野生植株几乎被采挖殆尽。如今在野外已越来越难找到它们的踪影——除非是在很高的悬崖等一般人接近不了的地方。

喜欢生长在幽谷岩壁上的兰花，还有稀有的毛药卷瓣兰，花期也在4月。这是一种石豆兰属的兰科植物。"石豆兰"这名称很形象，其根部的假鳞茎就像一颗颗绿色的豆子，附生在岩石表面。我第一次见到毛药卷瓣兰，就被它的"仙气"迷住了：绿色的"豆子"上长出细细的根，若即若离地附生在布满苍苔的岩石上，纤细的花葶从"豆子"中抽出来，长五六厘米。橙黄的花儿相当奇特：最中央的是唇瓣，特别像一条弯弯的小舌头；两边呈披针形的是侧萼片，长约3厘米，略呈八字形向前叉开。

◆ 白及

◆ 毛药卷瓣兰

◆ 毛药卷瓣兰

同样可叹的是，跟白及一样，由于石豆兰的假鳞茎据说也具有较高的药用价值，因此毛药卷瓣兰、广东石豆兰等兰科石豆兰属的植物也被大量采挖，导致野生资源日益稀少，这是非常令人痛惜的事情。我始终觉得，只有良好的生活方式才是避免疾病、保持健康的最好办法，靠吃什么"仙草"来滋补，十之八九是不靠谱的！让这些珍稀而美丽的兰花，自由自在生长在大自然中，不是一件很美的事吗？

兰中"逸品"：风兰

　　以上几种兰花，可以说是兰中"仙品"；而风兰，则称得上是兰花中的"逸品"。虽然据记载风兰分布较广，在浙江、江西、福建、四川、云南，乃至甘肃等地均有分布，但如今数量日益稀少，已经濒临灭绝。风兰属于多年生草本，是附生在大树上的"空气植物"，它的根牢牢抓住树皮，却对树木没有伤害。野外观察表明，它喜欢附生在位于低海拔的枫杨、枫香、香樟、银杏等大树的树干上，少数生在岩壁上。长有风兰的大树附近通常有溪流，我想这是溪流能给"餐风吸露"的风兰带来充足水汽的缘故吧。

　　风兰是形、叶、花俱美的兰花佳品。它的叶子绿色，呈"V"形对折的长条状，质地较为坚硬，顶端通常比较尖，戳到皮肤上有微微的刺疼感。就在如此坚挺的绿叶丛中，少则三五朵，多则数十朵，洁白柔软的小花绽放在花葶之上，给大树苍劲的树干平添了几分柔美。凡在野外见过开花的风兰的

◆ 风兰

人，无不为此陶醉。更何况，风兰的花朵还能散发出沁人心脾的幽香。不过，风兰属于典型的"夜来香"，白天是闻不到花朵的芬芳的，而到了晚上，却称得上"香气袭人"四个字。

多年前的秋天，在奉化的深山中，有专业人士在溪流边的一棵枫杨古树上发现了几丛风兰，让大家好一阵惊喜。但等过一段时间再去探访，我们痛心地发现，它们竟已经被人盗采走了！因此，我希望，凡是发现风兰（包括其他野生兰花）的人，请务必做到守口如瓶，不扩散具体地点。风兰已被列为国家二级重点保护野生植物，私自采挖属于违法行为。

后来，有一年的 4 月下旬，在四明山的另一处沟谷中，我们有幸又发现了风兰，而且当时正值盛花期，这真让人惊喜万分。顺便说一句，好多专业图书都说风兰的花期在6月。我不知道别的地方情况如何，但据多年的观察，宁波地区的风兰盛花期都在4月下旬到5月初。

美丽的邂逅

文章的最后，再讲一个在野外发现兰花的小故事。由于野生兰花数量稀少，因此要找到它们实属不易。除了平时知识的积累，到野外也要多多留心观察，好运才会在不经意间降临。2022年4月下旬的一天，我原本是到四明山的一个峡谷去拍摄昆虫，谁知竟偶遇3种兰花。

先是在拍豆娘的时候，看到了钩距虾脊兰——对这种兰花本书有专门介绍（详见《阳光眷顾的瞬间》），这里就不提了。而奇妙的事情还在发生。在往回走的时候，我注意到左前方的路边有一丛虎刺，正开着呈微型喇叭状的白色小花。我原本想拍一下虎刺的花，但一低头，居然发现一株盛开的金兰就在脚边！这是一种我已多年未见的兰花。金兰，属于兰科头蕊兰属，在中国南方分布较广，生于山区阔叶林下、灌丛中或沟谷旁。在浙江，4月是它的盛花期。

对于金兰，书上通常这样描述：花直立，稍微展开。也就是说，其花瓣哪怕是在盛花期，也不会完全打开，而是半开半闭的样子。事实真是这样吗？有一年4月中旬，在四明山中，我和朋友发现了不少已开花的金兰，数枚绿叶抱茎而生，托

◆ 金兰

◆ 带唇兰

◆ 金兰

◆ 带唇兰

着在花葶顶端开放的几朵明艳的黄色小花。起初，我看到所有花的花瓣都只是略有打开，仿佛朱唇微启，欲语还休。后来我又去了一次，到达时已近中午，煦暖的阳光直射在花朵上。我拍了很久，忽然发现，不经意间，花瓣已充分绽放，仿佛正伸开双手，仰头拥抱阳光。俯身仔细观察，金兰的唇瓣显得宽而短，上面还有几条紫红色的纵褶，仿佛在告诉昆虫：来吧，经过这个别致的通道，来采蜜，来帮我授粉吧！

且说，那天拍完金兰，我离开峡谷的最底部，准备往上走，前往出口，然后回家。当时，我注意到左边几米外有一种植物，它的上部开着不少黄色的小花。但这花非常不起眼，我起初并没有在意，又往前走了几步，忽见路边还有一株同样的开花植物。当时我心中一动：莫不是兰花？

但驻足一看，发现它的茎上有几枚绿叶。正是这几枚叶子差点打消了我的念头——因为没有兰花长这样的叶子！当时我心里还暗暗笑自己：想兰花想疯了是吧？万幸的是，我又走近看了一下。啊，原来那些绿叶并不是这株植物的叶子，而属于缠绕在它茎上的另外一种植物！而它，真的是兰花，带唇兰！认真一搜寻，在这地方，我共找到5株开花的带唇兰。这种兰科植物的叶子只有一枚，长在近地面处；纤细的花葶上，开着10—20朵小花，其萼片与花瓣为红褐色，而唇瓣为鲜黄色。

这是我第一次在野外见到带唇兰。正所谓，踏破铁鞋无觅处，得来全不费工夫！这种惊喜，是大自然给我的最好的回报与鼓励。

阳光眷顾的瞬间

密林中，阳光透过树叶的缝隙慢慢移动，终于，有那么几秒钟，温暖明亮的光线眷顾到了这株姿态婀娜的钩距虾脊兰。28 朵栗红与鹅黄相间的小花，就像一串精致的小灯笼通了电，立刻变得闪闪发亮，美艳不可方物……

为了这一阳光眷顾的瞬间，我已等了几个小时。甚至，也可以说是几年。

寻找钩距虾脊兰

大概是在 2014 年吧，我偶然听说，冬天时有人不知从哪儿得到一种看上去比较枯败的草本植物，将之种在花盆

◆ 钩距虾脊兰

里，哪知道次年 4 月它开花了，方知是钩距虾脊兰。当时我刚开始拍本地野花，于是就跑去看这株兰花，立刻就被它迷住了：鲜绿而多褶皱的叶子如微合的双手，轻轻向上托起一茎花葶，那清秀的小花啊，是自下而上渐次开放的。它最下面的花儿已完全绽放，润白的唇瓣上有脊状突起及若干暗褐色斑块，在两侧呵护着唇瓣的是淡黄的萼片与花瓣，而花葶的顶端，还是暗红的花苞。

不过，我不喜欢家养的花儿，我想看到它在野外自然绽放的模样。但真要在山里找到野生的钩距虾脊兰，真是谈何易也！2014 年秋天，我和妻子到宁海的东海云顶拍摄植物，寻寻觅觅间，忽然看到幽暗的林下有一种植物的叶子非常像虾脊兰，而且有好多株。当时兴奋得不行，自以为找到野生兰花的群落了，赶紧先用手机拍照，上传到微博请教植物爱好者。结果，有人认为是某种虾脊兰，有人却说不是。次日，专业人士确认，那不是兰科植物，而是藜芦（一种百合科的植物，有毒）。于是，我空欢喜一场。

没过多久，我跟邬坤乾老师等人到奉化、宁海交界处的深山竹林中，在寻找其他兰花的时候，邬老师突然惊喜地说：看，钩距虾脊兰！果然，山坡上有一株与众不同的植物：两枚绿色的大叶子几乎是贴地平摊，一根长长的花葶上挂着四五枚碧绿的果实。再一找，附近还有好几株。当然，很可惜，那时候是秋季，不是花期。

2015 年 4 月中旬，心中一直惦记着它的我，直奔那处深山。竹林中，钩距虾脊兰刚盛开，每株的花少则十几朵，多

◆ 盛开的钩距虾脊兰　　　　　　　◆ 钩距虾脊兰花朵特写

则二十余朵。在拍摄之前，我蹲下身来，仔细观察那一串熠熠生辉的小花。

　　钩距虾脊兰，为什么叫这个名字？我很好奇。虾脊兰是兰科植物的一个属，中国有好多种虾脊兰，如流苏虾脊兰、疏花虾脊兰、长距虾脊兰等；而在宁波则只有两种，即虾脊兰与钩距虾脊兰。据说，是因为单一个体小花有外翻的唇瓣，在造型上像小虾的尾巴，故名虾脊兰。我趴下来认真看啊看，从各种角度观察，可在我的脑海里还是不能把这花儿跟"小虾的尾巴"建立起联系。

　　不过作为描述该种植物性状的"前缀"，"钩距"一词比较好理解，即这种虾脊兰具有像弯钩一样的"距"。顺便说一下，花的"距"，是一个术语，指某些植物的花瓣向后或向侧面延长成管状、兜状等形状的结构，如大家常见的凤仙花科植物一般都有长长的距。它看上去非常精巧，是体现植物智慧的天才设计：一，距里面通常有腺体，而腺体分泌的蜜就贮存那里，能吸引昆虫（但有的距里面并没有花蜜）；二，距的形态不同，实际上起到了选择特定的传粉昆虫的作用，从而为植物基因的稳定存续起到巨大作用。

阳光"点亮"她的美

有点说远了。那天是大晴天，可惜竹林中的光线还是不好，我一开始用自然光拍摄，不满意，改用离线闪光灯来拍，还是不满意。先用 24 毫米的定焦镜来拍，想呈现整个植株的美，然后又用 100 毫米微距镜头来拍花朵的特写，但均感觉效果一般。

总之，我傻乎乎地把钩距虾脊兰看了又看，拍了又拍，却始终得不到自己满意的照片。好比一位美丽的姑娘就在你眼前，婀娜多姿，巧笑嫣然，风情万种，可你的相机竟不能表达她万分之一的美，这不是一件令人十分羞愧的事吗？不幸的是，这种尴尬的场景在我拍摄各种野花的过程中反复出现。终于有一天，我不再为此羞愧，不是因为脸皮厚了，而是我明白了，野花之美，乃是造物主所成就，我等凡人，岂能妄想靠拍照与上天争辉？

后来，我也曾在其他地方见过钩距虾脊兰，还是觉得拍得不是特别好。2017 年 4 月初，我跟着林海伦老师等人，一起去宁海的深山拍摄独花兰。那天，在幽美的溪畔小径旁，我们注意到了一株造型特别优美的钩距虾脊兰，当时她正含苞欲放。我默默地记下了她的大致方位，继续前行。

接下来一直很忙，竟始终没时间去看她。约20天后，我终于有了空闲，立即驱车2小时，直奔山中。4月下旬，草木葱茏，与上次我来时的早春景象完全不同。油桐开得正好，连飘落在草丛中的花朵都很美；虎耳草科的溲疏开满了洁白的小花，但我不能确认这到底是哪一种溲疏，只好不求甚解了；山姜的花序刚刚抽出来，即将迎来盛花期。不过，我没有花时间多拍，进山后，可以说是一路脚步匆匆——因为心中忐忑，唯恐钩距虾脊兰的盛花期已过，错过她最美的容颜。

还好还好！到那里一看，她所有的花儿都已经绽放，从花葶的底部直到顶端，一共28朵！由于从下到上依次开放，花葶中下段的花儿已经略微低垂，像挂着几个微红的小灯笼，而中上段的花儿则充分展开花瓣，仿佛带着自信的微笑。

唯一可惜的是，树林太密，上午斜射的阳光似乎一时照不到她身上。我试着拍了几张，发现植株偏暗，而受到阳光照射的背景很亮，完全没法突出花的美丽——哪怕用了人造光源补光也无济于事。理想的情况应该是从树叶缝隙中漏下来的光刚好照在她身上，而其背景比较昏暗。

我等了一会儿，发现阳光暂时到不了理想位置，于是先去附近寻找其他野花。过了中午，我回到原地，"日脚"缓缓移动，林下光影变幻，铺满落叶的地面上斑斑驳驳。我把相

◆ 油桐

◆ 溲疏

◆ 盛开的山姜吸引了熊蜂来访花

机参数调整好，把闪光灯、手电筒等人造光源扔一旁，然后坐下来，静静地注视着花儿与光影。

终于，有那么几个瞬间，阳光忽然点亮了她。

是的，就在这样的瞬间，原本低调的灰姑娘突然穿上了水晶鞋，变身为明媚的公主，在幽暗、静寂的溪畔树林下，独自轻盈地旋转、舞蹈。

就在这样的瞬间，我有点发呆，简直不知道如何按动快门。

我相信，在这样的瞬间，不仅我在注视着她，树在注视着，草在注视着，小虫在注视着，鸟儿也在注视着……是的，至少，就在这样的瞬间，天与地，都在注视、欣赏着她的美。

附：拍摄后记

前几年，我曾经很迷恋用离线闪光灯来拍野花，总是把灯放在各种位置，并且把闪光输出的功率调得低低的，当按下快门时，闪光灯也瞬间发光——通常会以侧逆光的角度，点亮叶子与花瓣，让她们看起来通透、鲜亮。控制得好的话，这种人造光形成的效果，会很像清晨的低角度光线轻吻美丽的花朵，当然唯一不能模拟的，恐怕是那种温柔的暖色调。但现在，我决定尽量少用人造光源，因为我想最大限度地还原野花的天然之美。而这，只有自然光可以做到。

春日山林：秘境之旅

    每到三四月份，各种野花竞相绽放，像我这样热爱博物观察与自然摄影的人，真的恨不得天天泡在山里。每找到一种特别的植物，我都会蹲下来（甚至趴在地上），仔细观察、欣赏、拍摄那些美丽的花朵、叶子以及整个植株。

    2022年春天，我常去龙观乡四明山里的一条古道走走。这条山路非常幽美、深邃，我特别喜欢。自早春到春末，这个地方我去了好多次，专门进行博物观察。我总是独自去那里，倒不是不愿意和别人同行，而是因为我走的路实在是非常随心所欲：很少走现成的路面，而是一会儿涉溪（我通常穿高帮雨靴进山），一会儿钻入茂密山林，就是为了寻访荒野中的各种动植物。

这样的定点观察很有意思。在一个多月内，我看见，落叶林不知不觉间从枯黄变得绿意盎然，蝴蝶与豆娘越来越多见，酸甜的野莓逐渐变红了，噪鹛等夏候鸟的鸣叫开始响彻山谷……至于野花，则更像是变魔术一样换了一批又一批，美不胜收。

2022年3月中旬，我去走这条古道的时候，所见的多为各种小野花，如宽叶老鸦瓣、毛茛叶报春、天葵、孩儿参等等。这里，把前文没有介绍过的几种早春山里的特色野花简单介绍一下。

毛茛叶报春（也叫堇叶报春），是宁波境内有分布的唯一一种报春花科报春花属的野花，喜生长在古道的石缝里或路边，较少见。花很小，花瓣颜色多为淡淡的粉紫，也有白色的花，非常清丽。

匍匐南芥，是一种属于十字花科的多年生草本，跟美丽的单叶铁线莲一样，都有一个俗名叫作"雪里开"。它的花不算很美，但我看到一株匍匐南芥扎根于岩缝里，顿时觉得它把冰冷的山石也装点得富有生机。

紫花堇菜，堇菜科堇菜属，四明山里十分常见的一种小野花，也能扎根在石缝里。山里常见的还有南山堇菜，这种堇菜很有识别度。首先，它的花通常为白色，比其他堇菜的花要大；其次，它的叶子深裂，呈爪状。

柔毛金腰是虎耳草科金腰属的一种小草，花极小，无花瓣，4枚萼片围成小房子状，保护着娇嫩的花蕊，可爱极了。

孩儿参，为石竹科的多年生草本，被列为浙江省重点保

◆ 毛茛叶报春

◆ 匍匐南芥

◆ 紫花堇菜

◆ 南山堇菜

◆ 柔毛金腰

◆ 孩儿参

护野生植物。在洁白的花瓣的衬托下，紫红的雄蕊显得特别明显。

天葵，属于毛茛科，早春在野外很常见。花也很小，且低垂，但若趴低身子，细看其花朵，顿时觉得它也有一种素雅的美。

4月上旬，我再次去走同一条古道。那天，一路上见到很多属于国家二级重点保护野生植物的荞麦叶大百合。这种百合科大百合属的植物最有"个性"的地方，就是一个字：大。叶子超大，花也非常大。当然，由于其花期在盛夏时节，因此在4月我们只能看到它们的叶子。关于荞麦叶大百合的花的介绍，详见本书《云中徒步：野百合探访之旅》一文。

在半山腰坐下来休息的时候，转头看了看周边，无意中发现附近的树林下有一抹鲜亮的黄色，原来是少花万寿竹。我觉得这是宁波很清秀的野花之一。虽然其名字的最后一个字是"竹"，但其实跟竹子没啥关系。这是一种百合科万寿竹属的多年生草本，可能是因为直立的茎具有像竹子一样的节，才有了"万寿竹"这个别致的名字。在森林中，它垂着头，低调地开花了。鲜绿的叶、鲜黄的花，带给人宁静、优美的舒适感。

一路走，一路拍，不知不觉便到了接近山顶的位置。那个地方，溪流旁的森林非常茂密，原生态环境极佳。但由于这地方太"野"了，一般人不会走进去。有一次我进去，就发现一条福建竹叶青（山里常见毒蛇）静静地缠绕在灌木丛上。那天，我走入林子转了转，发现了很多"宝贝"。

◆ 荞麦叶大百合的叶子

◆ 天葵

◆ 少花万寿竹

◆ 福建竹叶青蛇

先是看到了刚盛开的华重楼。这种著名的植物俗名为
"七叶一枝花"，为百合科重楼属植物。其茎高 1 米左右，开
花时有多枚叶(通常是 5—9 枚，以 7 枚较多见)呈轮状生于
茎的中央；花生于茎顶，绿色的花被片(当无法区分花萼还
是花瓣时，合称为花被片)如叶状。华重楼外形优美，是一
种著名的中药材，在长江以南分布很广，但受森林环境破坏、
过度采挖等因素影响，如今在野外越来越少见。

林子里，同属于百合科的多花黄精非常多。当然，4 月
初的时候，它们尚未开花，但叶子很有特色，十分耐看。其
盛花期在 4 月下旬到 5 月，朵朵白色的小花像一个个微小的
铃铛，挂于茎下。

◆ 华重楼

◆ 多花黄精的花苞

随即，又发现了一丛正在开花的箭叶淫羊藿。这是一种小檗（bò）科的多年生常绿草本，也是一种有名的中草药，因人为采挖破坏，野生资源渐趋枯竭。它的叶子形状奇特，很有观赏价值；花开得很密集，但花朵很小，白色的萼片、黄色的花瓣、伸到外面的花蕊，还是挺引人注目的。

那天，最开心的事情是在那里发现了一株兰科虾脊兰属的植物。当时它的花葶刚从地表的绿叶中抽出来，上面挂着若干花苞。由于未见到花朵，因此那时我并不能确定这是哪一种虾脊兰（先"默认"它为相对常见的钩距虾脊兰）。4月下旬再上山，我迫不及待先去找那株疑似钩距虾脊兰的植物，果然看到它已经开花了。

经现场仔细观察、拍摄，以及回家查阅《宁波植物图鉴》后，我才确认它是我以前没有见过的虾脊兰（即这个属的"属长"）。据《宁波植物图鉴》，虾脊兰花朵的特征与钩距虾脊兰相比有两个明显的不同：一、前者的距末端虽然略弯曲，但不呈钩状，而后者的距为钩状；二、前者唇瓣的中裂片先端无短尖，呈微凹状，而后者唇瓣的中裂片先端具有一个短尖。

我对这条古道以及附近的山林，进行了一年四季的持续观察，后来在夏天又拍到了荞麦叶大百合、苦苣苔、半蒴苣苔、风毛菊、蹄叶橐（tuó）吾等不常见的特色野花。此是后话，这里不详述。总之，每一片美好的山林，都值得进行长久的探索与观察，我相信惊喜每年都会发生。

◆ 箭叶淫羊藿的花

◆ 箭叶淫羊藿的叶

◆ 虾脊兰

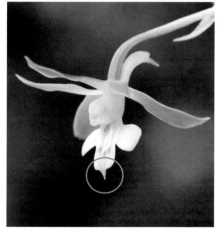

◆ 虾脊兰唇瓣的中裂片先端无短尖，呈微凹状

◆ 钩距虾脊兰唇瓣的中裂片先端有一个短尖

云中的杜鹃

　　在汉语里，杜鹃有两个含义，一是指杜鹃科的鸟类(如大杜鹃，即布谷鸟)，二是指杜鹃花。在中国大部分地方，杜鹃都是夏候鸟，春天的时候从南方飞到北边的繁殖地，就像家燕一样。同样，进入春季(特别是 4 月)，各种杜鹃花次第盛开，迎来一年中最好的观赏季节。在宁波境内，目前已知分布着 8 种野生杜鹃花(特指杜鹃花科杜鹃花属的植物)，它们分别是映山红、普陀杜鹃、满山红、白花满山红、马银花、羊踯躅、华顶杜鹃和云锦杜鹃。

　　其中，华顶杜鹃和云锦杜鹃为高山杜鹃，只分布在本地高海拔区域。它们生长在高山云雾缭绕之地，且花开之时也灿如云霞，故不妨称之为"云中的杜鹃"。这里重点介绍这两种高山杜鹃，兼顾其他杜鹃花。

先花后叶高山上，不负华顶仙子名

"人间四月芳菲尽，山寺桃花始盛开。"(唐白居易《大林寺桃花》)这两句诗形象地道出了由于海拔不同而造成的物候差异：当山脚下早已是姹紫嫣红，甚至芳菲将尽的时候，高山植物的花朵才刚刚进入盛花期。

2023 年 3 月下旬的一天，我看到林海伦老师写的文章，他说在奉化境内的四明山高山上，华顶杜鹃已经盛开了，花期比往年提早了约 10 天。得到这一重要花讯后，我也按捺不住了，即于次日上午出发进山，去拍摄华顶杜鹃。那天，驱车沿着盘山公路一路上行，到了海拔 600 米以上的地方，注意到路边的檫木居然还在盛开。要知道，檫木的花期很早，在低海拔的山区，它们主要是在 2 月中旬到 3 月上旬开花。而到了海拔 800 米左右的位置，则发现山顶区域除了常绿的针叶林，绿色植物很少，很多植物还尚未完全从"冬眠"中苏醒过来。

然而，当我到了目的地，远远就看到前方一片枯黄的落叶林中，竟有好多艳丽的硕大花朵，实在是"招摇"、醒目得很！不用说，那就是华顶杜鹃了。赶紧快步上前，但见眼前大片低矮的杂木林中，几乎看不到绿叶(华顶杜鹃也是先开花后长新叶的植物)。因此，当时唯有华顶杜鹃的花朵盛大地绽放于枝头，它们映着碧蓝的天空，光灿灿一大片，犹如绝美的朝霞，非常壮观。

　　凑近仔细观察，在明媚的阳光下，华顶杜鹃半透明状的花瓣呈现出非凡的色彩与质感：鲜亮、明艳、柔软、光滑，好似上好的绸缎一般，有一种说不出的华贵气质。要知道，像这样以粉、红、紫为主色调的大型花朵（直径6—7厘米），"一不留神"是会给人以艳俗的观感的，但华顶杜鹃丝毫未给人这样的感觉。

　　这里的华顶杜鹃总共有100多株，分布在防火道的两侧，多数生长在落叶林这一侧，也有一部分长在另一侧的黄山松树林中。满树杜鹃花在幽暗的松林中显得尤其鲜艳夺目。在这一带，和华顶杜鹃一起盛开的木本野花，是同样只分布于高山上的山樱花。山风吹过，山樱花雪白的花瓣阵阵飘落，把华顶杜鹃衬托得越发娇艳动人。

　　华顶杜鹃为落叶灌木，高度通常不超过5米，树皮上密布鳞片状的纵向裂纹，非常有辨识度。此为浙江特有的珍稀植物，也属于国家二级重点保护野生植物，最初发现于台州天台县的华顶山，故称其为"华顶仙子"实不为过。在宁波，华顶杜鹃见于奉化、余姚和宁海，只分布在个别海拔800米左右的高山区域。奉化这个地方的华顶杜鹃，最初是2016年6月由林海伦首先发现的，当时花期已过。2017年4月初，我曾有幸跟着林老师一起来到这里，和他一起见证了这片华顶杜鹃开花的盛况。

◆ 华顶杜鹃在落叶林中绽放

◆ 华顶杜鹃花朵硕大

满树繁花胜烟霞，疑为云锦天上来

　　宁波第二种高山杜鹃，即云锦杜鹃，其花期比华顶杜鹃要晚近一个月，主要在 4 月底和 5 月上旬盛开。很多人特意在"五一"前后跑到天台华顶山，去观赏这种著名的高山杜鹃。其实，在宁波四明山的高山上，这种美丽的杜鹃并不难见到，因此我们大可不必舍近求远跑到天台去赏花。

　　云锦杜鹃为常绿灌木或小乔木，高 2—7 米，其模式标本就产自宁波，在长江以南分布较广。在宁波本地，则在余姚、海曙、奉化和宁海境内有分布，主要生长于海拔 400 米以上的山上，尤其以海拔 600 米以上的地方更多见。因此，这也是典型的高山杜鹃，不适合在低海拔地带生存。

　　一直以来，我都是到海曙区龙观乡的高山上观赏、拍摄云锦杜鹃，因为相对而言，这里离市区最近。到龙观赏云锦杜鹃，有两条路线可走：一是经礵溪村，一直往上，在过了遮坑自然村后，只要多留意，就不难在路边发现云锦杜鹃；二是经半山村，一路上行到了观顶村附近，也能在路边看到少量云锦杜鹃。这两条路线在百步岗附近汇合，而百步岗一带的云锦杜鹃更多。

　　至于赏花的时间，在《浙江野花 300 种精选图谱》一书中，云锦杜鹃是被列为"夏花类"的，说其花期为 5—6 月。我估计，在省内不少地区，云锦杜鹃分布在更高海拔的位置（比如 1000 米左右），因此花期更晚。而在龙观，由于云锦

◆ 盛花期的云锦杜鹃

◆ 云锦杜鹃被林海伦称为"超级杜鹃"

杜鹃分布地带的海拔通常为 500 米到 600 多米，因此花期较早，个人认为去看花的时间以 4 月下旬至 5 月初为宜。近年来，我常去龙观拍摄云锦杜鹃，发现在多数情况下，过了"五一"假期，云锦杜鹃花期已到末尾。而令我惊讶的是，2021 年 4 月 16 日上山，我就看到已有不少云锦杜鹃绽放。一周后再去，则发现已到盛花期。这是历年来我观察到的这里的云锦杜鹃开花最早的一次。

就"气质"而言，云锦杜鹃可谓与映山红、马银花之类的普通杜鹃花完全不同，因此被林海伦称为"超级杜鹃"。为什么这么说呢？首先，其植株相当高大，最高可达 6—7 米；其次，叶子也很大，呈长圆形，摸上去为厚革质；至于花，也远比映山红的花大，完全可以用"硕大"来形容。云锦杜鹃的花序属于"伞形总状花序"，顶生，具 6—10 朵花。未绽放时，花苞为紫红色，开放后花瓣为很浅的粉色或白色中带有红晕，娇艳动人。同一个花序上，花朵绽放有先后，色彩的层次很丰富，有花团锦簇、雍容华贵之感。故每到盛花期，但见繁花满树，灿如云霞，美不胜收，委实不负"云锦"之名。

有意思的是，2023 年 3 月下旬，我在拍摄完华顶杜鹃后，看看时间尚早，便转道去奉化区溪口镇高山上的兰田村，本来只是想随便看看那一带山区的野花。谁知，在快到村子的盘山公路旁边，偶然发现那里有好多云锦杜鹃。看来，我又找到了一个观赏云锦杜鹃的好地方！

回看桃李都无色，映得芙蓉不是花

接下来简单介绍一下其他几种杜鹃花。

映山红（现在也叫"杜鹃"）是宁波山中最常见的杜鹃花，在全市各地的山中都很容易看到。映山红3月开始绽放，而盛花期在4月，高山上的花期可以持续到5月上旬。其特点是花冠鲜红或深红，十分艳丽。有意思的是，映山红似乎喜欢扎根在多岩石的区域，我经常看到，一些长在悬崖或巨岩上的植株的花开得特别茂盛。白居易诗云："回看桃李都无色，映得芙蓉不是花。争奈结根深石底，无因移得到人家。"诗中所赞美的就是以映山红为代表的杜鹃花。

普陀杜鹃是映山红的一个变种，除花色与后者不同之外，两者没什么区别。普陀杜鹃开粉紫色或紫红色的花，以此与鲜红（或深红）的映山红相区别。其实普陀杜鹃也很常见，尤其以浙东滨海地带更多见，也就是离海滨越近的山中分布越多，盛花期在4月。每年4月中旬前后，很多市民都会去奉化与鄞州交界处的金峨山上赏杜鹃花。我也去过金峨山赏花，发现那里的杜鹃就是以普陀杜鹃为主。

马银花的盛花期也是4月。这是一种常绿灌木，花为淡紫色，花冠上方的裂片内面有深紫色的斑点，故和映山红与普陀杜鹃有明显区别，不难识别。马银花的花总是数朵聚生于枝顶的叶腋，看上去特别密集。由于其花期与映山红重叠，且也很常见，因此在山路边常可看到这两种杜鹃花开在

◆ 映山红

◆ 普陀杜鹃

◆ 马银花

◈ 满山红

一起，它们或鲜红，或淡紫，风情万种。

　　满山红（现在也叫"丁香杜鹃"）俗称"三叶杜鹃"，因为叶片通常是三片集生于枝顶（也有两片的），其花朵为淡紫红色或玫红色，花期在3—4月。与映山红的花2—6朵簇生于枝顶不同，满山红的花常1朵（少数为2—3朵）生于枝顶，故看上去会稀疏一点。与同为开紫色花的马银花相比，我个人感觉满山红的紫色更浅一点，有时看上去有点偏白。另外，马银花花冠上方的裂片内面的斑点为深紫色，而满山红在相同位置的斑点为红色，这也是两者的区别所在。至于白花满山红，据《宁波植物图鉴》记载，目前已知在宁波境内

◆ 羊踯躅

只分布在余姚，花朵为白色，我还没有见到过。

　　还有一种名叫羊踯躅的杜鹃花，在宁波也不多见，其花朵为金黄色，鲜艳夺目，与本地其他杜鹃的花色截然不同。这种植物有毒，食之对人畜均有害，羊吃了之后会因中毒而步履蹒跚，故得名"羊踯躅"，另还有别名"闹羊花"。

野花似蝶

　　春末，行走在四明山深处的溪流边，有时能看到一种独特的野花：蝴蝶戏珠花。这种花的外形很有意思，看上去很像几只白色的粉蝶围绕着花朵翩翩起舞，故得其名。

　　说起来，在宁波，有多种植物的花都跟蝴蝶戏珠花有类似之处，如琼花、中国绣球、四照花、大叶白纸扇等，它们的花期不一，从仲春到盛夏均有，很有观赏价值。

蝴蝶戏珠花与琼花

　　2022 年 4 月底，我去海曙龙观乡的四明山里走走，重点观察野花与昆虫。那天，沿着溪畔的古道走了没多远，便见不远处繁花如雪，临水盛放。啊，蝴蝶戏珠花，没想到已经开得这么好了！

一周前我就来过这里，看到这一株的时候，那些显眼的花瓣还不是白色的，而是很浅的黄绿色。而现在，在我眼前的每一个花序（除单生花外，大多数植物的花会按一定方式有规律地着生在花轴上，花在花轴上排列的方式和开放次序称为花序）都像是一把撑开的伞："伞"的边缘，仿佛有几只白色"粉蝶"围在一起翩翩起舞，而中心部分是几十朵呈珠状的极小的黄色花。这独特的花形，便是"蝴蝶戏珠花"这个名字的来源。它的花序，在植物学上被称为"复伞房花序"。其实，那几只白色"粉蝶"乃是没有花蕊的不孕花，只起到装饰与广告的作用——吸引授粉的昆虫前来；真正的可孕花，是挤在中央的那些小花。我看到，蜜蜂、食蚜蝇在密集的小花上自在地吸取花蜜。

要欣赏花叶俱美的蝴蝶戏珠花，必须要到山里去。不过，在宁波市区的公园绿地里，有时可以看到与之非常相似的人工栽培的琼花。这两种花在浙江的山区都有自然分布。那么，它们之间到底有何异同呢？两者皆为五福花科荚蒾属的灌木，花的形状很像，不仔细观察的话，确实有点难以区分。

不过，这两种植物的不同之处还是明显的。首先，是分布地（或观赏地）有差别。蝴蝶戏珠花虽然不是特别常见的植物，但在宁波山区的分布还是比较广的，而野生的琼花在浙江省内主要分布在杭州与湖州（据《浙江野花300种精选

◆ 蝴蝶戏珠花

◆ 昆虫在蝴蝶戏珠花上采蜜

◆ 琼花，摄于西塘河公园

图谱》),在宁波所见的通常是种植于公园绿地中的植株。其次,两者的花期不同。在宁波,琼花的花期明显早于蝴蝶戏珠花。2022年4月上旬,我在市区西塘河公园里散步的时候,就已经见到琼花盛开了,其花期在清明节前后;而四明山里的蝴蝶戏珠花要到4月底,才刚进入盛花期。最后,就花本身而言,两者也确实有细微的区别,只是一般人不大会注意到罢了。说来惭愧,其实我本人一开始也没看出它们的主要差别在哪里——不都是酷似白色粉蝶的大型不孕花围着中央的微小可孕花吗?

后来,我偶然在微信上看到一篇署名为李叶飞的文章,题为《与琼花有那么一点不同,就成了蝴蝶戏珠花》,才对两种花的区别之处恍然大悟。确实,有时候得到高手点拨真的非常重要。

李叶飞在文中说:"琼花的花序外圈(每一朵)不孕花是均匀的五片(花冠裂片),仔细看蝴蝶戏珠花,(其不孕的花冠裂片)则是四大一小,如此一来,恰似了白蝴蝶,它的观赏价值就在于此,小的那片成了蝴蝶的头部,四片大的像白色的蝶翼展开,稍有翻折,(便似)翩翩起舞一般。花序中间小小的可孕花密集组成一个圆形,'白蝴蝶'围作一圈,因而得名蝴蝶戏珠花。"(引文中的括注为本书作者加注)

而琼花之命名,则主要突出其洁白如雪、晶莹如玉之美。在这里,有必要解释一下这个"琼"字。《诗经·齐风·著》是一首描写婚礼的诗,其第一章云:"俟我于著乎而,充耳以素乎而,尚之以琼华乎而。"这里的"琼"就是指新人头部装饰的美玉，而"华"指玉的光彩。到了后世，"玉树琼枝"成了大家熟悉的成语，常用以描述被冰雪覆盖的树木。

历史传说云，当年隋炀帝兴师动众下扬州，就是为了一睹琼花的风采。这样的传说，或许只能当作笑谈，但琼花之美，由此也可见一斑。

中国绣球与四照花

5月中旬，山里的蝴蝶戏珠花开始萎谢，随着不孕花颜色变黄，"白蝴蝶"也变成了"黄蝴蝶"。而此时，在宁波的山里，另一种"白蝴蝶花"正在绽放，那就是到处可见的中国绣球，这是一种虎耳草科绣球属的灌木，在国内分布很广。

中国绣球的花形与蝴蝶戏珠花有点相似：外围较大的白花也酷似粉蝶纷飞，这实际上是不孕的花萼片（多数是3片，少数为4片），真正的可孕花是花序中央的黄色小花。

有趣的是，我曾经在四明山溪流边拍到过彩蝶在中国绣球的花丛中翩翩起舞的场景。这些蝴蝶都是青豹蛱蝶，这种蝴蝶的雌性与雄性在外观上截然不同，因此很多人误以为它们是不同种的蝴蝶。

到了5月中下旬与6月上旬，美丽的四照花进入了盛花期。我在宁波拍到过两种四照花，即四照花与东瀛四照花，它们均为山茱萸科四照花属的落叶小乔木，不常见。分布在四明山里的以四照花为主，而东瀛四照花主要分布在靠近海边的山上，两者的花与果几乎一模一样。在它们的盛花期，

◆ 中国绣球花上的青豹蛱蝶（雌）

◆ 东瀛四照花

◆ 东瀛四照花，远看像无数白色的粉蝶在飞舞

如果站在树下赏花，也会觉得那些花朵恰似洁白的蝴蝶停满枝头，煞是好看。

为什么名为"四照花"？原来，其花朵外围有4枚白色（初开时为淡淡的黄绿色，后转为白色）的苞片，光华四照。不过，不知道的人，往往会误以为那是4枚硕大的花瓣。其实真正的花朵处在被苞片包围的中央，那里有众多小花聚集成一个头状的花球。

顺便说一下，四照花的果实俗名"山荔枝"，可食。到了秋天，四照花的满树繁花变为累累红果，缀满枝头，也十分好看。四照花果子的外观确实非常像荔枝，但其直径只有1厘米左右，远比荔枝小。《浙江野果200种精选图谱》一书上说，四照花的果实"味清甜，口感佳，可鲜食、酿酒或制醋"，我曾采来吃过，一咬开软软的果皮，里面就是多汁的黄色果肉。不过，说实话，我觉得没有书中所说的那么好吃，它有股独特的清香，但不大甜，而且多籽，果肉略有毛糙感。

或许，山里很多可食的野果都是这样的吧，毕竟不是经过人为改良过的水果。我观察到，鸟儿很喜欢啄食它们。每颗果实里有这么多细碎的种子，鸟儿吃了果实之后会排泄出来，就是在帮助植物传播种子了。

似蝶野花有"计谋"

到了六七月份，在宁波的山路边，常可看到大叶白纸扇的花。大叶白纸扇，属于茜草科玉叶金花属，为直立或攀缘状的落叶灌木，在宁波山里很容易见到。

这种植物的花形也十分奇特，诚如其属名"玉叶金花"所描述：金黄色的小花旁边（即"金花"），有一枚很大的白色花萼裂片（即"玉叶"），看上去似花瓣非花瓣，似树叶又非树叶，倒也像一只大蝴蝶停在花旁。若从稍远处看大叶白纸扇的花，我们首先注意到的，肯定不是它那很不起眼的小小金花，而肯定是万绿丛中的一枚枚硕大的"玉叶"。

说到这里，大家或许已经注意到了，上文提到的各种花，即蝴蝶戏珠花、琼花、中国绣球、四照花、大叶白纸扇，它们有一个共同特征，即真正的可孕花（具有花蕊，可以在授粉后结出果实）很小很不起眼，而花序外围的白色不孕花（或很像花瓣的苞片、"玉叶"之类）却很大很招摇。这是为什么？

其实，这正是野花的智慧，也可以说是"计谋"。说穿了，道理也很简单，是植物为了吸引昆虫过来帮助传粉，以便开花结果，顺利繁殖后代。上述几种植物的花都特别小，也没有明显的香气，在春夏时节的满山浓绿之中很容易被"淹没"。为了让蝴蝶、蜜蜂等昆虫发现它们的花，这些植物进化出了显著的"广告牌"，如在小花的旁边"布置"显眼的不孕花，先把昆虫"骗"过来再说。昆虫飞过来之后，马上发现虽然充当"广告牌"的假花上没有花蕊、花蜜，但一旁的小花上却什么都有，于是自然毫不客气地立即过去吸食甜美的花蜜，顺带也就帮花朵传了粉。

◆ 大叶白纸扇，中间金黄色的小花才是真正的花

◆ 大叶白纸扇，已开始结出绿色的果实

初夏的素颜

　　进入 5 月，夏天已经在前面招手，而山里的野花也明显减少。特别是那些生于森林中的草本野花，通常在暮春之前就结束了花期——因为到了初夏，落叶树已变得枝繁叶茂，让树下的草本植物难以获得充足的阳光。不过，这个时节走入宁波的山中，仍会有山花夹道的感觉。我个人觉得，路边野花多为白色花，它们虽然是"素颜朝天"，不施粉黛，但依然难掩清丽之美。这里，重点介绍一下宁波的野生蔷薇——特指蔷薇科蔷薇属的野花，兼及其他有特色的白色野花。

满架蔷薇一院香

晚唐有个名叫高骈的将领，他同时也是位诗人，写过一首著名的《山亭夏日》，诗云：

绿树阴浓夏日长，楼台倒影入池塘。

水晶帘动微风起，满架蔷薇一院香。

这首诗非常形象地写出了蔷薇盛开的时令与特点：夏日、善攀缘（满架）、常有香气。据《宁波植物图鉴》记载，宁波的野生蔷薇有以下几种：野蔷薇（及其变种粉团蔷薇）、小果蔷薇（别名山木香）、光叶蔷薇（见于海边）、软条七蔷薇、金樱子、硕苞蔷薇（及其变种密刺硕苞蔷薇）。以上蔷薇，尽管花的大小差异甚大，但其原种均为白色、单瓣，部分种（如小果蔷薇、软条七蔷薇）具有芳香。

5月，山路边花量最大的常见蔷薇当属野蔷薇与小果蔷薇。先说说野蔷薇。这个名字，正是这种植物的正式中文名，并非泛泛而谈的"野生的蔷薇"的意思。野蔷薇别名多花蔷薇，为落叶或半常绿攀缘藤本，在宁波极其常见，于山村的田间地头也随处可见。多朵花排成圆锥状的花序，一丛又一丛，生于小枝的顶部；花以白色为主，有的略带粉色。

野外还有野蔷薇原生的变种粉团蔷薇，也是单瓣，除花瓣为淡粉红色外，其余特点与原种无异。粉团蔷薇在城市里

◆ 野蔷薇

◆ 粉团蔷薇

◆ 七姊妹

也多有栽种，用作花篱或花墙。当然，无论在城市还是在乡村，在园林绿化中用得更多的，是野蔷薇的栽培变种七姊妹，常用作花架或道路装点。七姊妹的花为重瓣，花色粉红或深红，其余特点亦同野蔷薇。就我个人的审美而言，我更喜欢原生的野蔷薇与粉团蔷薇，它们更为清秀、简约，不像重瓣的七姊妹那样繁复。

再来说小果蔷薇。说起来很有意思，我竟然是直到 2023 年 5 月才拍到这种常见蔷薇的花，可能前些年一直忽略了（估计是因为把它也当作野蔷薇，没有细看）。后来，在准备写作本文时，仔细检查照片，才发现自己以前拍到的竟然全部是野蔷薇，没有小果蔷薇！

如果光看图鉴，小果蔷薇与野蔷薇植株形态相似，花的外形也相似，我觉得难以区分。后来看了小山老师的文章《江南常见蔷薇花十种》，才了解了准确的分辨方法（篇幅较长，这里不具体转述）。但由于毕竟没在野外见过小果蔷薇，

◆ 小果蔷薇

◆ 小果蔷薇盛开时形成的花瀑

故心中始终不能了然。直到 2023 年 5 月 13 日，我途经海曙区鄞江镇，忽然发现对面的山脚有白色花瀑直挂下来，花量数以万计！我想，这肯定是小果蔷薇！因为据说只有小果蔷薇的花，才能开成如此壮观的场景。于是，赶紧过去一看，马上确认这是小果蔷薇。

终于见到实物，方知小果蔷薇与野蔷薇其实不难分辨，因为两者的叶、花、花苞的特征都不同，一望即知。对这两种蔷薇，有的资料上说，它们的花朵直径都只有 2.5 厘米左右。不过，据我在宁波所见，小果蔷薇的花更小，直径为 2 厘米多；而野蔷薇的花直径通常大于 3 厘米。不过，我在少数地方见到的野蔷薇花确实偏小，跟小果蔷薇的花差不多。这时，看植株的托叶是最准确的分辨方法：野蔷薇的托叶呈篦齿状，贴生于叶柄；而小果蔷薇的托叶通常早落，很多时候找不到。

◆ 野蔷薇（包括粉团蔷薇、七姊妹）的托叶呈篦齿状，贴生于叶柄

宁波的"大花蔷薇"

上文所说的两种蔷薇，花朵均较小，接下来介绍本地的3种花朵较大的蔷薇。

软条七蔷薇为落叶或半常绿披散灌木，花期在4—5月，花白色，单瓣，有芳香。其花朵的直径在4厘米左右，在宁波的野生蔷薇中刚好属于中等大小。

而金樱子与硕苞蔷薇的花朵直径可达5—7厘米，最大的跟小孩手掌差不多大，绝对称得上"大花蔷薇"了。金樱子为常绿攀缘藤本，花单生于叶腋，洁白而硕大的花朵常密集盛开，有时甚至如微型瀑布一般从上面悬挂下来，老远就能注意到。在宁波，其花期主要在4月中旬至5月中旬。

硕苞蔷薇的花期要晚得多，通常要在6月才开花，而此时金樱子早已是果实青青了。因此，仅凭花期就可以将这两种"大花蔷薇"区分开来。硕苞蔷薇果实也大，呈球形，直径达2—3厘米，外表全是黄褐色柔毛，顶覆硕大的宿存萼片；果甜，可鲜食，亦可浸酒。

就外观而言，硕苞蔷薇的果实还算是"正常"的野果，而相比之下，金樱子这种野果就简直让人"不知如何吃起"了。这里，我愿意多花点笔墨，讲讲金樱子的果实。深秋，果子熟了，从黄色慢慢变成橙红，最后变成深红。这果子外形极有"个性"，见过的人都不会忘记：大小如枣，顶端留有宿存的萼片，外面密密麻麻全是针一般的细刺，连果梗上也全是

◈ 软条七蔷薇

◈ 金樱子

◈ 硕苞蔷薇

◆ 硕苞蔷薇果实

◆ 金樱子果实

刺。因此，直接用手去摘金樱子是挺痛苦的一件事，不仅手指被扎得疼，连衣服也常被它的枝条钩住，搞得脱身不得，十分尴尬。

我有个朋友，他到山里就喜欢采金樱子，说果实很甜，有"糖罐子"之称，可以拿来泡酒喝，味道很好。我不会饮酒，又怕刺，因此并不去采。后来听说，这果子是可以直接吃的。但我真的不知道该怎么吃，曾经想，它的表皮全是刺，估计是吃里面的"果肉"吧！于是拿小刀切开果子，却发现里面乃是一粒粒硬硬的种子，并不能吃。最后请教了别人，方知是要先去掉外表的刺，再去掉里面的种子，然后就是吃那层"果皮"！那么又该如何去掉那些刺呢？有的说用刀刮，有的说用火烤，甚至有人说在野外直接放石板上用脚底踩……于是，我试着用剪刀弄掉了刺，嚼了嚼那层表皮，没想到口感大大出乎我的意料：很浓郁的甜味！真的好吃，确实不负"糖罐子"的美名。

不过，吃完之后，问题又来了：既然金樱子这么好吃，那它为什么浑身长刺，一副凛然不可侵犯的样子？这让动物一时也没法吃呀，我有点不解。

"风车茉莉"及其他

说完了蔷薇，再简单介绍几种本地很常见且有特色的白色野花。

春末夏初，跟野生蔷薇一样花开如瀑的，是络石。此为

◆ 络石盛开时也常形成花瀑

◆ 络石的花像小风车

夹竹桃科络石属的常绿藤本植物，喜缠绕在大树上或包裹在山中的岩石上（故名络石）。络石的花有芳香，且形如微小的风车，故俗称"风车茉莉"。在海曙区龙观乡雪岙村的清源溪畔，好几株枫杨古树都被络石缠绕，每年"五一"前后，无数洁白的小花从上面悬挂下来，颇为壮观。

中华绣线菊是一种落叶灌木，属于蔷薇科绣线菊属，模式标本采自宁波，在全市山区都可见到。其花期在4—6月，20朵左右的洁白小花簇生于枝头，形成一个伞形花序，具有较高的观赏价值。

乍一看，五福花科的荚蒾的花序外观跟中华绣线菊的有点相似，都是白色小花密集地生于枝顶——尤其是宜昌荚蒾与荚蒾这两种，它们的花期在4—5月，前者的花期更早些。顺便说一下，尽管同为荚蒾属植物，琼花与蝴蝶戏珠花的花序则有明显不同（详见《野花似蝶》一文），因为它们的花序外围均有大型的白色不孕花。

5月，也是赛山梅的盛花期。这是一种属于安息香科的落叶灌木或小乔木，在宁波山里到处可见。跟其他的安息香科植物一样，赛山梅的白色小花也是低垂于枝条之下，而且在盛开时往往花量很大，颇有气势。

最后，我想说，在"绿树阴浓"的初夏，如果我们看倦了城市里栽种的那些缤纷艳丽的花朵，不妨多到野外去观察、欣赏野花，虽然它们大多颜色单纯，且只有单瓣，但那种自然的素颜之美，却是很多"家花"所难以匹敌的。

◆ 中华绣线菊

◆ 荚蒾

◆ 赛山梅

绶草大年

　　这世界上有很多不可思议之事，前几年绶草在城市草坪上的"爆发"即为其一，这个谜团至今未解。

　　我近年来热衷于拍野花，尤其是野生兰科植物。早就听国内的植物爱好者说，早春时节，在华南地区有"草坪三宝"，即绶草、线柱兰、美冠兰这三种野生兰花。幽雅之兰花，竟"随随便便"长在城区的草坪上，可以尽情趴着拍，这让我颇为羡慕。当时我想，线柱兰与美冠兰在宁波没有分布，可绶草却是全国广布啊，为什么在本地无论是野外还是草坪上都找不到呢？为了一睹她的风采，我甚至曾不惜冒着暴雨到外地。现在想来，真不禁哑然失笑。

《诗经》传唱"兰花草"

近些年凡报道绶草的，常会引用《诗经·陈风·防有鹊巢》的诗句。这首诗很短，全文如下：

> 防有鹊巢，邛有旨苕。谁侜予美？心焉忉忉。
> 中唐有甓，邛有旨鹢。谁侜予美？心焉惕惕。

生僻字有点多，先略作解释。防，堤岸也。邛（qióng），高丘也。中唐，中庭之路也。侜（zhōu），欺诳。忉忉（dāo），惕惕，忧愁、担心的样子。甓（pì），砖瓦。这里涉及3种动植物：鹊，喜鹊；苕（tiáo），紫云英；鹢（yì），绶草。

此诗大意是喜鹊本应筑巢在树上，现在却说搭窝在河堤；砖瓦是用来建屋的，却被铺设在中庭；美丽的紫云英与绶草原该生长在低湿之地，如今却说在高丘。这些都是反常和不可信的呀！是谁在蒙骗我所爱的人呢？我的心里多么担忧！

鹢，原为鸟名，称"绶鸟"，又名"吐绶鸟"，因其"咽下有囊如小绶，五色彪炳"（宋·陆佃《埤雅·释鸟》）。一般认为，"吐绶鸟"指黄腹角雉。其雄鸟在发情时，喉下的鲜艳肉裙膨胀下垂，朱红与翠蓝交错，故曰"吐绶"。

那么在《防有鹊巢》中，鹢为什么指绶草了呢？《尔雅·释草》："鹢，绶也。"晋代陆机为《诗经》作疏，亦云："鹢，五色作绶文（即"纹"），故曰绶草。"综上所述，"鹢"从鸟名到用来指草名，关键词就是"绶"，共性是鲜艳的色彩。见过绶草的人

◆ 宁波市区草坪上密集开放的绶草

都知道，一朵朵粉紫的小花（少数呈白色）呈螺旋形沿花葶依次盘旋而上，非常独特，故绥草有个俗名叫"盘龙参"。顺便说一句，现在授予荣誉时，给人披挂的"绶带"之"绶"，用的也是一样的意思。

说来也真有意思，如果不是近年来绥草突然被广为关注，这首古老的诗歌恐怕早被大多数人忽略了吧！

风雨兼程为了她

早几年，一直在宁波找不到绥草。2015年5月中旬，邬坤乾老师说，他的一个天台县的朋友最近在当地发现了正盛开的绥草，问我有没有兴趣去拍。我起初有点犹豫，因为预报周末有雨，但后来想想机会难得，万一以后拍不到了可咋办？

那年5月16日，周六。上午8点多，在经历了前一夜的大雷雨后，宁波的雨已经很小，于是我出发去天台拍绥草。在天台白鹤镇与邬老师他们会合，然后在当地朋友的带领下，直奔当地山上。

谁知，刚上山，雨竟越下越大。我们面面相觑，哭笑不得。没办法，穿雨衣、打雨伞，硬着头皮上山。没走几步，裤管已全部湿透。山不高，但很神奇，先是看到好几株珍稀野生兰科植物白及，随即又发现捕虫植物光萼茅膏菜几乎遍地都是。乍一看，光萼茅膏菜叶面上的腺毛挂满了晶莹的水珠，其实那不是水珠，而是一种气味香甜的黏液。昆虫被诱引过来落在叶面上，就会被牢牢粘住，成为光萼茅膏菜的"盘中餐"。

◆ 绶草的小花盘旋而上，故俗称"盘龙参"　　◆ 俯拍绶草的花

◆ 光萼茅膏菜

就在光萼茅膏菜的旁边,小小的绶草悄然绽放。说真的,她们若不开花,恐怕无人会在草丛中辨认出她们来。因为这些小草实在太不起眼了,跟草坪上任何一株草貌似没啥区别。就算开花了,也得俯身仔细看,才能注意到那只有三四毫米宽的迷你小花。每一株绶草都是如此羞涩,像胆怯的小女孩一样躲藏在漫山的野草之中。

暴雨如注。我本来带了微距镜头、广角镜头、闪光灯等好多器材,但在现场,这雨势根本不可能让你从容捣鼓器材,连镜头都没法换。因此,我只好让妻子为我撑伞,只使用微距镜头拍摄。尽管水汽弥漫,但那在嫩绿花葶上盘旋而上的粉色小花还是深深打动了我。在微距镜头下,我才注意到,它的唇瓣有不少皱褶,但晶莹剔透,犹如冰晶,又似工艺美术大师精心制作的微型玉雕作品。造化之鬼斧神工,在绶草的小花上也表现得淋漓尽致。

拍完,回宁波的高速公路上,再遇暴雨突袭。

市区绿地突现千株绶草

仿佛老天爷一手导演的一出好戏,在宁波难见绶草的"剧情"在下一年就迅速反转。

2016年5月29日,先得知海曙文体中心的草地上有绶草,就赶紧过去,结果找到了两株。次日,又获悉在宁波影都旁的草地上也有绶草,过去一看,竟然有100多株,当时简直惊喜莫名了。

◆ 绶草与访花的蝴蝶

　　然而，跟日湖公园里出现的绶草数量比，这都不算什么。
6月初，我在日湖公园内看到，被园径分隔开的多块草坪上
都有好多绶草，老远看过去就是粉红色的一片，数量估计达
上千株。

　　当时，我为了做报道，特地到宁波市园林局采访了专家。
几位专业人士都说，市区绿地上出现野生绶草，还是第一次
见到。一开始，大家猜测：会不会是这些绿地不久前进行过
改造，从山里带来的泥土含有绶草的种子，因此现在有大量
绶草萌发出来？但是，进一步了解得知，日湖公园内生长绶
草的草地，最近好几年都不曾改造过，一直是原先的泥土，

但前几年并不见绶草生长。或者说，即使有，其数量肯定也非常少，因此未引人注意。

很快，各路消息表明，这不是宁波市区独有的现象。无论是宁波境内的奉化、宁海等地，还是台州的临海，杭州的萧山、临安，都在草坪上发现了难以计数的绶草。几乎可以说，这至少是浙江全省都有的奇特现象。

我又向本地植物专家林海伦请教。最近二三十年，林老师一直致力于宁波野生植物的发现与研究，一年到头，大部分时间都在野外。但他说，此前在宁波境内见到绶草的机会很少。因此对于在市区突然发现很多绶草，他也连说"难得难得"。

林老师认为，这次绶草"爆发"，可能跟兰科植物独特的繁殖机制有关。绶草属于多年生的地生兰，它的种子跟其他兰花一样，呈尘埃状，因此在一个果实里面会存在数以千计的微细种子。当果实成熟，最终无数的种子就像孢子粉一样随风飘散，无孔不入。但这并不意味着绶草会随意地大量生长，实际上，绝大多数种子最后都没有萌发成苗。因为兰花的生长，除了合适的光照、温度、湿度等条件，一般都需要共生菌配合，这样才能正常萌发。"很可能，日湖公园内长绶草的那几块草坪的泥土，原先就已经含有绶草的种子，"林海伦说，"直到如今刚好碰到了合适的条件，如雨水偏多等，这些种子就开始萌发成苗了。"林老师说，以上分析只是一个非常粗浅的推测而已，绶草"爆发"的真实成因，其实还是一个谜。

◆ 香港绶草

◆ 香港绶草的白色花冠比较狭长

转眼又一年过去。2017 年 5 月底，我特意去日湖公园观察，发现去年冒出很多绶草的多块草坪中，那一年有一块还是长了很多绶草，而其他草坪却只见零零星星的几株。这又是一个有趣而奇特的现象。

综合其他地方的消息，2017 年也是一个"绶草大年"。随后几年的初夏，日湖公园草坪上也每年都有绶草。

但究竟为何会这样，谁也不知道。

最后提一下，在宁波山里，还有一种野生的绶草，名叫香港绶草，比较罕见。我曾无意中在海曙区龙观乡的溪流边发现这种植物。香港绶草的花为白色，其花冠与绶草比，显得比较狭长。

仙草薄命

　　《红楼梦》中说，林黛玉的前身，乃是绛珠仙草，为报神瑛侍者（即贾宝玉）的"日以甘露灌溉"之恩，于是到尘世以泪相还，泪尽而逝。读来令人唏嘘。

　　在民间，也有不少现实中的植物，被口耳相传为"仙草"，据说有还魂救命、起死回生之奇效。而有一种稀有的植物，位列传说中的"中华九大仙草"之首，这就是鼎鼎有名的铁皮石斛。

　　可叹的是，野生铁皮石斛如今濒临灭绝。究其缘由，主要便是它所拥有的"仙草"之美誉。仙草薄命，一如黛玉的命运！

"仙草"是怎么来的

早在 20 多年前，我还在读大学的时候，就听说过"铁皮枫斗晶"这种补品，有的厂家将其功效宣传得天花乱坠。其价格高昂，非当时的普通学生所能消受。自那时起，我就一直很好奇：这到底是怎样的"仙草"？现在，为写这篇文章，我上网搜索了一下，特从铁皮石斛的词条中摘几句原文如下：

"铁皮石斛生物习性神秘莫测，它生长于悬崖峭壁之阴处，古人常悬索崖壁或射箭采集。铁皮石斛常年受天地之灵气，吸日月之精华，作为养生极品，自古以来深受王公贵族的青睐。但由于它生长条件十分苛刻，自然产量极为稀少，更因民间长期过度采挖，致使野生资源濒临绝种。"

说什么"受天地之灵气，吸日月之精华"，其实都是玄而又玄的套话、空话，而且从"习性神秘、生于悬崖"一路推导到"养生极品"，从逻辑上讲也完全不通。尽管也说"因过度采挖导致濒临绝种"，但请注意，这不是出于保护的善意，而恰恰相反，其本意是在宣扬"物以稀为贵"，以满足某些消费者的心理需要。顺便说一下，铁皮石斛现在已被列为国家二级重点保护野生植物，擅自采挖属于违法行为。

上述所引文字的下面，又有如下表述：

"成书于一千多年前的道家医学经典《道藏》将铁皮石斛列为'中华九大仙草'之首……民间称其为'救命仙草'。功效特点：充分补充体内血、精、津液等物质，调节人体阴阳平衡；心、肝、脾、肺、肾之阴虚均补；对烟酒、劳累、用脑过度有独特的疗效……"

首先，"道藏"通常指道教书籍的总称，历代都有编修，而非"道家医学经典"，这且不论。其把铁皮石斛说成具有几乎无所不补之神效，但凡稍有常识与科学素养的人，都会明白其中的水分有多少。

多年苦寻觅，得之危崖上

据《宁波植物图鉴》记载，铁皮石斛的模式标本采自宁波。多年来，宁波的植物专家林海伦一直在本地寻找铁皮石斛。林老师说，虽然常听说民间有人采到过铁皮石斛，但近些年来，却并没有实证可以确认在宁波还能见到铁皮石斛。

林老师上山带着望远镜，看到悬崖峭壁或古树，都会仔细搜索一番，看有没有像铁皮石斛这样的野生兰科植物附生在上面。功夫不负有心人，2014 年，多年苦寻终有回报。那年夏天，《宁波晚报》对林海伦发现野生铁皮石斛的过程作了详细报道，引起市民极大关注。

据报道，2014 年 2 月，在余姚境内的四明山某处悬崖上，林海伦发现了两丛疑似铁皮石斛的植物。但当时它们几乎没有叶子，要想验明其真身，必须等到花期。当年夏天，当人工栽培的铁皮石斛花期接近尾声的时候，它们开花了。大的那丛有 30 余个花苞，位于顶端的两三朵已经开放，小的一丛也已开出了三四朵花。从花朵的特征来看，毫无疑问

◆ 野生铁皮石斛如今极罕见

◆ 长在悬崖高处的野生铁皮石斛

这是铁皮石斛。林海伦长舒一口气，终于找到了！

林海伦还说："此前有资料记载，铁皮石斛只长在山中半阴湿的岩石上，喜半阴半阳的环境，从这次发现的现场来看，情况不一定如此。"因为，此次发现的铁皮石斛均生长在朝南的阳坡，其中一丛的四周毫无遮挡，显然能承受夏天烈日的曝晒和长期的干旱。

冒险攀登，一睹真容

2015年夏天，又到了铁皮石斛的花期，蒙林老师指点，我找到了四明山深处那块有铁皮石斛生长的巨岩。尽管事先就知道那悬崖非常陡峭，而且石斛生长的位置也很高，但到了现场一看，我还是倒吸一口凉气：这悬崖起码有七层楼那么高，而且其正面壁立如削，几乎呈90度垂直，岩壁表面除了一些苔藓、蕨类植物等，几乎啥都没有。

用肉眼找了一遍，没发现铁皮石斛。改用望远镜仔细搜寻，终于发现了一小丛，上面依稀有两三朵浅黄色的小花。赶紧拿平时用来拍鸟的"大炮"（超长焦镜头）拍摄，可叹依旧没法把花儿"拉"得足够近，拍出来的照片缺乏植株的细节。因为，这丛铁皮石斛的离地高度约20米，而一朵花的直径只有两厘米左右！

我在崖下直搔头皮，只能望花兴叹：从正面攀登？想都不要想！后来，在附近绕了几个圈子，发现或许可以从悬崖后面迂回绕上来。于是，带上轻便器材，徒手从山崖后面的密林中攀爬而上，但很快在上面迷失了方向，最后莫名其妙从另外一个远离悬崖的方向走了下来。

我不甘心，再试了一次，这回倒是没迷路，但手足并用、千辛万苦爬到崖顶一看，我的妈呀，顿时头晕目眩，太高了！后来终于透过树枝的缝隙，发现了距离相对较近的铁皮石斛（但依旧可望而不可即，毕竟性命要紧），总算通过镜头看清楚了这丛石斛及其花朵的细节。

宁波有不少大棚种植铁皮石斛的基地，我曾经去参观过。在条件优良的人工环境里，其黄绿色的花朵显得水灵灵的，甚至有点胖乎乎之感。但当我以较近距离看到野生铁皮石斛的花朵时，心头不由得一震，第一感觉竟然不是"她真美"，而是忍不住感慨："生存太艰难了！"

是的，这丛石斛完全扎根在光秃秃的石壁上，附近没有

◆ 人工种植的铁皮石斛

◆ 野生铁皮石斛

流水，没有泥土，兰科植物特有的气生根像章鱼的脚一样一寸寸蔓延，紧紧吸附在岩壁上。它的茎比较干瘪，而几朵花儿傲然绽放，俯视悬崖之下。这些临崖盛开的小花，完全没有温室里的同族那样水灵，显得有点纤瘦，但却呈现出一种强大的生命力。

善待自己，善待"仙草"

那天拍完下山，在农家乐饭店吃午饭，跟店老板聊起铁皮石斛的事。对方惊讶地说："你拍到了铁皮石斛？那你挖下来没有？"我说，没有。他更惊讶了，连问："你怎么没有采啊？为什么呀？太可惜了，野生的很值钱的！"我摇摇头，不知说什么才好。

或许，在有些人眼里，"少见的""野生的"，就等于"值钱的"，因此必须据为己有而后快。这个逻辑很没道理，但很不幸颇有人信。

后来，林海伦在四明山的另一个地方又发现了铁皮石斛，而我的其他朋友在奉化等地的山中也有发现。但不管怎么说，铁皮石斛在宁波乃至国内，都已非常罕见，全靠顽强的生命力在山中角落里苦苦支撑。

2017年春节，花友孙小美和她先生，在四明山一处人迹罕至的沟谷中偶然发现了一丛铁皮石斛，并告诉我其所在位置。我去看了，果然也是生长在悬崖的高处。附近还有不少环境类似的石壁，我用望远镜仔细找过，没有发现第二丛。夏季花期来临，那丛石斛有近百朵花盛开，异常美丽。但我一直对地点保密，不希望它们被打扰，愿它们在大自然的怀抱中一年又一年地绽放。

最后还想说，传说中的"仙草"或许真有一些保健功效，但显然，良好的生活方式才是保证身体健康的无上法宝。那些放纵自己的欲望、生活不知节制的人，竟想着靠吃什么珍稀物种来强身健体，还是趁早断了这些痴心妄想吧！以免既害了自己，也害了那些濒危动植物。

为卿忽发少年狂

橙红的夕阳一寸一寸下沉，即将没入连绵的远山。那景色多美啊，可我们一个个脚步匆匆，汗流浃背，沿着坡度相当陡的防火道奋力往上爬。平坦的山顶似乎已近在眼前，却又像是怎么也到不了，心里好急好急。

说来好笑，我们如此辛苦地跟夕阳"赛跑"，竟是为了找一种大家从未在野外见过的美丽野花——毛叶铁线莲。

突发奇想傍晚上山

说来惭愧，上山之前，我是并不熟悉毛叶铁线莲的，只隐约记得在《浙江野花 300 种精选图谱》一书上见到过。

这次寻花的机会来得非常偶然。

2017 年 5 月 17 日下午，一个与镇海棘螈保护项目有关的小组从杭州来到宁波，组员大都是我熟悉的从事两栖爬行动物调查及摄影的朋友，因此我闻讯后赶去跟他们会合。傍晚，在北仑乡下的农家乐吃饭。快吃完的时候，小黑突然说，他的一个搞植物研究的朋友告诉他，这附近的山上就有毛叶铁线莲，花很大很漂亮。他还说，自家种的"毛叶铁"已经绽放了，想必野生的也该开了。

我问小黑，这个"毛叶铁"是不是就是大花威灵仙，又名大花铁线莲的。（前两年，我曾和邬坤乾老师到奉化的山里找过这种花，可惜未曾发现。后来翻图鉴，看到它的花朵硕大而雪白，中央有深紫色花蕊，非常奇特，故印象很深。）小黑说不是，那是不同的种。说着，他拿出手机给我看家里种的"毛叶铁"的照片，果然，它的花是淡紫色的。

根据小黑朋友所说的"毛叶铁"分布点，我们试着用手机导航了一下，发现开车过去只要 20 分钟左右。当然，据说到那里停车后还要爬约 20 分钟的山。

当时，还不到下午 5 点 30 分。我突然大声提议——现在太阳下山晚，要不我们干脆马上上山去拍花吧！一桌子的朋友一愣，随即都说：好！于是匆匆扒拉了几口饭，立即驱车出发。锤锤开得飞快，不久就到了半山腰的一座庙门口，然后就没有公路了。随即步行上山，一开始还走错了路。马上折回，一路小跑。我想，上山只要 20 分钟，不远！

一起去的朋友中，除了我是 40 多岁的"70 后"大叔，其余都是"85后"乃至"90后"的小伙子。还好，由于长期在野外博物旅行，我完全不会掉队。

走过平缓的茶叶地，眼前一条碎石满地的防火道蜿蜒通往遥远的山顶，坡度不小。当时大家心里都犯嘀咕了：不会吧，到山顶还这么远啊？没办法，只好硬着头皮往前走。越往上，路越陡，有时前面的人脚下一滑，还会蹂下几块小石头来。

向西，群山起伏落日圆；向东，东海浩渺波澜阔。然而，谁都无心多停留，好好拍摄这壮美的风景。汗水浸透单薄的衬衣，口渴了，就摘几颗蓬蘽(lěi)或山莓，酸甜可口，令人精神倍增。

用时近40分钟，终于快到山顶了。我用自己的多功能手表一测，海拔近600米。山风忽来，不禁打了个寒噤。那时昼夜温差很大，山顶的气温最多20摄氏度左右。我们赶紧裹紧了衬衣。

"啊！"走在最前面的小黑忽然一声大喊。我心中一喜，看来他已经找到"毛叶铁"了。谁知他紧接着又喊了一句："没开花！都是花苞！"

我冲过去一看，真的，毛茸茸的好大的浅绿色花苞，很像一支笔头朝上竖着的粗大毛笔。我对小黑说，野生植物通常比家养的要晚开花，更何况这里的还生长在高山上，因此目前还只是花苞也是很正常的。

此时已然是18点35分，夕阳刚刚完全没入地平线，西边的天空一片通红。我有点失落，但并不难过。

◆ 2017 年 5 月 17 日傍晚所见到的毛叶铁线莲花苞

清晨再访"毛叶铁"

回家后翻《浙江野花 300 种精选图谱》，得知"毛叶铁"的花期主要在 6 月。此时才注意到，这本书的封面大图，原来就是盛开的"毛叶铁"花朵特写。

10 天后，我估摸着花应该开了。那天清晨 5 点多起床，驱车一个多小时到达庙门口。阳光和煦，清风徐来，独自一人，缓步上山。棕头鸦雀、大山雀、领雀嘴鹎、红嘴蓝鹊等鸟儿，载飞载鸣，一路相伴。但心底还是有一丝忐忑：万一还是没有开怎么办？

2017 年 5 月 27 日上午，再次上山拍摄毛叶铁线莲，但见不远处的山头雾气弥漫

将登顶，转身四顾，乃见远方群山，大半藏身云中，而大海已然隐入晨雾。及至山巅，则豁然开朗，大树皆无，唯见芒草成片，似芦苇茫茫，随风摇动。云雾翻腾之中，太阳喷薄而出，巨大的风力发电机在山脊线上若隐若现。

目光往山路两边一扫，顿时大喜：一朵硕大的紫色花儿，这不正于草丛中傲然绽放吗？急急踏入半人多高的芒草，手臂差点被锋利的叶缘割破。然而也顾不得了，先用近摄功能强大的广角定焦镜头拍了几张，把花与其周边生长环境都拍在里面。后又用鱼眼镜头拍，把花儿与天空、群山都囊括在同一个画面中。附近走走，又找到好几朵，最大的直径有十几厘米，但都属于零星开放，尚未进入盛花期。

仔细欣赏花儿，发现她们通常具有五到六枚花瓣——哦不，错了，准确地说，那是萼片，但真的很像花瓣——萼片的紫色中明显透着蓝调，而且每一枚萼片的先端都有一个小尖头。最中央的花药(花药是花丝顶端膨大呈囊状的部分，是雄蕊产生花粉的地方)为紫红色，如火炬上颤动的火焰。

"毛叶铁"属于多年生的攀缘木质藤本。这里的植株大都缠绕在芒草的茎秆上，在顶端有一朵花仰天盛开。紧挨在花旁边的，一般还有一到两个花苞。仔细看叶子，发现其背面密布浅色柔毛，故名"毛叶铁线莲"。

"毛叶铁"是浙江的特有种。书上说，其模式标本就采自宁波。宁波是其主产地，相邻的天台也有。近150多年来，铁线莲都是园艺界的宠儿，在欧洲尤其受到欢迎。专业人士将来自野外的铁线莲引种杂交，培育出了大量花色缤纷

◆ 刚绽放的毛叶铁线莲

◆ 毛叶铁线莲的叶子毛茸茸的

的园艺品种——而毛叶铁线莲正是少数几种著名的亲本之一，是名副其实的"藤本皇后"。

无用而美好

正拍着，忽见半山腰有人撑了把伞，正沿着防火道慢慢往上爬。

"等等我，等等我！"下面那人高声喊道，是个女的。我一张望，没见他人，心想不可能是在喊我吧，于是没理会，继续拍照。不久，她也到了山顶，问："你在干吗？我刚才大声叫你呢！"我笑了："不好意思，我以为你在喊你的同伴呢！没想到你是一个人上山。"

"我老远看过来，还以为你是我们驴友群的群主呢，所以喊你等等我，我一个人爬山太孤单了。"她看了我一眼，又问："你在拍什么呀？"

"拍一种野花，叫毛叶铁线莲，很漂亮的。"

"哦，铁雪莲，我们这里也有雪莲花?!"她吃惊地说。

"铁线莲，线条的'线'，不是'雪'！"我哭笑不得。

"哦，好的。"她也笑了。

"你一个年轻女子独自爬这么荒凉的山，不怕?"我有点好奇。她得意地笑了："怕啥？我经常一个人爬山的，一年起码爬十几次。"这女子颇为健谈，自述是湖南长沙人，初中毕业，后嫁到了宁波。她说每逢工作、生活不开心的时候，常在大清早独自登山，只要到山顶无人之处，大喊大叫几声，

◆ 绽放于山顶的毛叶铁线莲

那些让人不开心的东西就被释放了！还顺便数落她老公是个宅男，大门不出二门不迈，从来不会陪她爬山。

这下轮到我吃惊了，由衷赞扬道："哇，你这是无师自通的'自然疗法'，挺了不起啊！"

"啥了不起呀，做人开心就好！"她笑了，又问："你拍这'铁雪莲'有啥用啊?"

"铁线莲！不是雪莲！"我又好气又好笑，"我大清早从宁波市区开车来的，就为拍这个花。不过也没啥用，做人开心就好呀！"

林暗花明：发现神秘铁线莲

古语云："山重水复疑无路，柳暗花明又一村。"又云："失之东隅，收之桑榆。"这样的事，我还真碰到过。简言之，事情经过是这样的：我原本到四明山里寻找一种在宁波很稀有的小鸟，但没有找到，后来无意中拍到了一种稀有、神秘的野花。当然，实际过程要复杂得多，下面我会细细说来。顺便说一下，在这里，我觉得把"柳暗花明"改为"林暗花明"也许更为合适一些，因为我是在高山上茂密、暗黑的森林里发现那种野花的。

寻"小鸟隐士"不遇

2022年6月中旬，在宁波工作的外国鸟友山姆（Sam）

在奉化溪口镇里村的四明山里拍到了丽星鹩鹛（liáo méi）。这消息让我大吃一惊，我以前从未见过这种鸟，甚至没想到它在宁波也有分布。原先，我只知道，在浙江省内，丽星鹩鹛在丽水地区有稳定分布。随后了解到，丽星鹩鹛倒不是初次在宁波被拍到，它是 2021 年的宁波鸟类新记录——有鸟友在象山拍到了。

但不管怎么说，丽星鹩鹛是本地十分罕见的一种小鸟。这是一种微小的鸟，体长才 10 厘米左右，约为麻雀的 2/3 那么大。它的长相并不起眼：全身以深褐色为主，有不少白色斑点，尾羽很短，乍一看很像鹪鹩（jiāo liáo）。丽星鹩鹛喜欢栖息在溪流、沟谷附近的幽暗森林的底层，故难以被观察到。因此，不少鸟友将其称为"神秘隐士"。不过，它的鸣叫声很有特色："滴、滴、滴……"音调较高，有点像在发电报，也有点像铃声，因此很容易识别。那天，山姆就是听到丽星鹩鹛那响亮的鸣叫声后才发现它们的，现场见到有两只，或许在求偶。

我在得知信息后的次日一早即到里村找鸟，沿着古道向上慢慢走，特别注意倾听附近的鸟叫声，看有没有那种独特的"发电报声"。然而，一路走来，汗流浃背，听到了黑鹎、白头鹎、大山雀、红头长尾山雀、红嘴蓝鹊、白额燕尾等很多鸟的鸣叫声，但就是没有那急促尖锐的"滴滴"声。

但我没有死心，继续往前寻找，有幸在海拔近 700 米处拍到了珍稀的短尾鸦雀（在浙江范围内，2008 年由我首次在宁波拍到这种鸟，因此成了当年的浙江鸟类新记录），我以前

◆ 短尾鸦雀

从未在 6 月份见过这种鸟。我和其他鸟友都推测短尾鸦雀是垂直迁徙的，夏季会到高山上度夏、繁殖。这次的遇见，或许也算是为这个推测增加了一个佐证。

不过，一直找到中午，我还是没有发现丽星鹩鹛。这个结果并不令我意外，因为拍鸟很多时候就靠运气，没拍到实属正常。于是我决定放弃找鸟，索性到附近走走，拍野花或昆虫。

发现神秘铁线莲

天气很热，我在里村著名的三折瀑下面休息了一会儿，但见一道白练从高处轰然而下，水雾如霰，四散飞扬，凉意

◆ 溪口里村著名的三折瀑

暗生。瀑布下面的溪流两侧，很多萱草正在盛开，它们那状如喇叭的橙红色的硕大花朵十分艳丽，引人注目。不过，由于我以前拍过多次，因此也就没有多拍，而是继续往瀑布上游的深山中走去。不久，偶尔抬头往树丛里一看，心里顿时一惊：3朵微微带紫的白色大花，平展如莲，正在幽暗的枝叶间盛开。毛叶铁线莲，莫非是毛叶铁线莲？我暗暗心喜。

毛叶铁线莲是浙江特有的多年生藤本植物，常被花友们简称为"毛叶铁"，其模式标本产于宁波天童。"毛叶铁"开花时正所谓"藤似铁线，花开如莲"，观赏性极强（相关故事详见《为卿忽发少年狂》）。以前我曾两次拍过毛叶铁线莲，都是在北仑的高山上。我知道在四明山里也是有这种植物分布的，但原先从未见过。我走到一个较高的位置，尽量以平视的角度用长焦镜头拍摄。几只食蚜蝇在花的上面忙碌，寻找花蜜来吃，而仔细观察才看到，在花的萼片下面，还有一场惊心动魄的杀戮正在进行：一只躲在花下的浅色蟹蛛捕到了比它个头大得多的绿色螽（zhōng）斯，正在享受美餐。

当时，我就注意到，眼前的"毛叶铁"似乎与前两次见过的有点不同：它并非单叶对生，而是三出复叶（即3枚小叶长在同一个叶柄上）；至于叶子背后有没有毛，由于我的手够不到缠绕在树丛深处的植株，照片也拍得不真切，故不能确认。

于是，我又往前走，由于没带干粮，饿了就摘路边野生的中华猕猴桃吃，其口感酸脆，好在并不涩。往山里越走越深，到了接近商量岗的兰田村一带，又在山路旁的林子里发

◆ 一只躲在花下的蟹蛛捕食比它个头大得多的蟊斯（在最左边的萼片下方）

◆ 野生中华猕猴桃

现不少"毛叶铁"，它们那远看为白色的巨大花朵，在暗黑的密林中是如此显眼，一看就觉得与众不同。有的植株就在身边，故可以用广角镜头仔细拍摄。我不仅拍花，还拍叶子；不仅拍叶子的正面，还拍叶子的反面，还要用手摸摸叶子的质感。观察得越仔细，我心中的疑惑就越多：它们不像是"毛叶铁"啊！

难道是天台铁线莲？

我的疑惑来自以下三方面。首先，"毛叶铁"通常是单叶对生，较少三出复叶；但这里的"毛叶铁"却恰相反，即以三出复叶居多，单叶对生反而少。其次，我以前在北仑高山上见到的"毛叶铁"那可真是"毛叶"，叶子背后全是白色茸毛，而这里的植株（尤其是兰田村附近的）的叶子却光滑无毛。最后，这里的"毛叶铁"的花近乎白色，只有很淡的蓝紫色，也和以前所见很不同。

但是，按照最新出齐的五卷本权威巨著《宁波植物图鉴》，书中收录的宁波有产的大花型铁线莲（铁线莲属的植物在宁波有很多种，但通常都开较小的花朵）只有两种：毛叶铁线莲与大花威灵仙。如果眼前的花不是"毛叶铁"，难道是大花威灵仙？但这种可能马上被排除了，因为，我虽然没有拍到过大花威灵仙，但我知道它的花朵雪白，中央有深紫色乃至近黑色的花蕊，辨识度很高。而我在四明山里见到的铁线莲的花蕊特征显然更像是"毛叶铁"，即为紫红色。

◆ 在幽暗的密林中绽放的天台铁线莲（暂定），花为白色，略显蓝紫色

◆ 天台铁线莲（暂定）的花非常硕大

◆ 天台铁线莲（暂定）的叶子光滑无毛

◆ 天台铁线莲（暂定）的叶子以"三出复叶"为主

◆ 典型的毛叶铁线莲

　　回家后，我专门与宁波植物达人小山老师探讨了上述疑惑。他也觉得奇怪，不过他说，根据他在不同地方所见，毛叶铁线莲的有些性状确实不稳定，可能跟具体的生长环境有关。因此，我在四明山上拍的"毛叶铁"的特征不典型，也属正常。我认同这个说法。

　　之后，我把这篇文章转发到宁波的一个植物爱好者微信群，谁知有位花友马上向我指出：在四明山上拍到的开白花的铁线莲并不是"毛叶铁"，而是更稀有的天台铁线莲！这让我大吃一惊，马上去查权威资料，但我看到，同属于浙江特有种的天台铁线莲产于天台、临海、乐清、磐安四地，产地并不包括宁波。但那位花友说，他跟踪观察天台铁线莲已有多年，完全可以确认这种被列入《浙江省重点保护野生植物名录（第一批）》的濒危植物在宁波也有分布——无论是天台山还是四明山都有。同时，他发上来很多他在宁波拍的天台铁线莲照片，它们的特征确实与我最近拍的一样。

那时，我心里其实已经相信那位花友的判断了，但为了小心起见，我还是专门就此向宁波的植物专家李修鹏老师请教。李老师首先告诉我，陈征海老师（浙江省森林资源监测中心正高级工程师）此前已经在四明山植物调查时发现了天台铁线莲，只不过未及将此发现收录于《宁波植物图鉴》。然后，他又仔细查阅新编的《浙江植物志》，将我拍的疑似天台铁线莲的照片与植物志上的记载多角度比对，最后李老师也倾向认为，我在四明山里拍到的正是天台铁线莲！

如果是这样，那么那次没有拍到目标鸟种，却拍到了一种属于宁波植物新记录的珍稀野花，难道不是天大的意外之喜吗？

期待真正揭开身份之谜

不过，大自然是极其复杂的，在一朵花上也会表现出丰富的差异性。这种差异性很容易引发植物研究者（包括普通爱好者）之间的疑惑与争议。

2023 年 6 月初，我再次到奉化里村三折瀑附近寻花。这次在山路上听到了丽星鹩鹛与黑眉拟啄木鸟（均为近两年确认的宁波鸟类新记录）的响亮叫声，但都没有见到。在近山顶处，就在相隔不远的地方，有两株铁线莲刚刚盛开，其

◆ 溪口里村高山上的毛叶铁线莲，摄于 2023 年 6 月

中一株花色较紫，单叶对生，叶子背后有少量极细的毛；而另一株的花，花色接近白色，只有很淡的紫色，三出复叶，叶子背后没有细毛。这令我十分困惑：前者当为毛叶铁线莲无疑，而后者却与前者差别甚大，但若说不是"毛叶铁"，则好像可能性也不大。

　　我看了好几篇林海伦老师写的关于毛叶铁线莲的文章，他在宁波好几个地方都见过花色明显偏白、叶子背后没有毛的毛叶铁线莲。他认为，叶子背后有没有毛，并不能作为毛叶铁线莲鉴定的必要条件。那么，按照林老师的观点，我在四明山高山上见到的白色铁线莲也是毛叶铁线莲。

　　真正的结果会是如何？

　　期待植物学家们通过深入考察、研究，最终揭开这个谜。

那些叫『苦』的花儿

至今仍记忆犹新，我第一次见到苦苣苔科的野花，是在2013年的国庆假期。那天，我独自到温州瑞安市的一个森林公园玩，拍了不少蝴蝶，后来无意中在游步道旁见到一种奇特的野花：它长在看上去颇为贫瘠的岩壁上，叶子如粗糙的菜叶，边缘多锯齿；花朵呈长筒状，紫红色，多斑纹。一查才知道，它的名字叫浙皖粗筒苣苔，是苦苣苔科粗筒苣苔属的多年生草本植物。

当时我就觉得，苦苣苔科的野花，无论是花形还是"气质"，都和我以前见过的野花很不同。此后多年，我持续关注宁波野花，方知在本地有分布的苦苣苔科植物非常少，只有

◆ 浙皖粗筒苣苔

6 种。直到 2022 年夏天，我才终于把这 6 种野花全部拍到了，可以说相当不容易。

无意中发现苦苣苔

苦苣苔科植物的多数种类是草本，喜生于岩壁上，花美丽，具有较高的观赏价值。据中国苦苣苔科植物保育中心的数据，国内目前已发现的苦苣苔科植物已达 800 多种。它们大多分布在以喀斯特地貌为特点的广西、贵州、云南东南部等地。浙江省内分布的种类不多，只有 20 种。宁波的 6 种苦苣苔科植物分别是苦苣苔、吊石苣苔、旋蒴苣苔、大花旋蒴苣苔、半蒴苣苔和浙东长蒴苣苔。

我第一次知道"苦苣苔"这个名字时十分好奇：这类植物的口感很苦吗？实际上当然不是。问了别人，大家也说不出个所以然。倒是在中国苦苣苔科植物保育中心网站上看到一篇科普文章，文中说："苦苣苔科的中文名来源现在已很难考证……这个名字的由来，大概是因为'苦苣苔'这种植物叶似苦苣菜，喜生石上苔藓间而得名吧。"这倒让我想起"白胸苦恶鸟"这个名字，这种常见水鸟并非"又苦又恶"，而是因其叫声类似"苦恶、苦恶"而得名罢了。

苦苣苔（这里特指苦苣苔科的"科长"）在宁波境内非常罕见，原先只知道在宁海、奉化的个别地方分布。所幸，2022 年在海曙龙观乡的四明山高山上，又发现了一个新的分布点。因此，苦苣苔是本地有分布的 6 种苦苣苔科植物中

◆ 苦苣苔的小花与大叶子

◆ 苦苣苔的叶子，很有辨识度

◆ 苦苣苔花朵特写

最不容易见到的。说来有趣，在 2022 年的年初，在没有互通信息的情况下，林海伦老师和我在龙观的同一个地方发现了苦苣苔。当然，林老师比我更早发现。

2022 年早春，我到龙观的高山上拍摄野花，无意中注意到一个瀑布旁的岩壁上有很多碧绿可爱的叶子，小的才如汤匙，大的已跟手掌相仿佛。这些叶子近似菜叶，皱巴巴的，每一枚叶子看上去是孤零零地"挂"在岩壁上。同时，不少叶子旁边还残留着去年的枯瘪的果实。我确定这是某一种苦苣苔科植物，但不知道是哪一种。因为当时我压根不知道苦苣苔在宁波也有分布，因此没往这个方向想。后来，经花友白杨老师指点，方知这是苦苣苔。

此后，我多次去那里跟踪拍摄，直到 7 月底，才终于看到了正处于花期的苦苣苔。那时候，其植株的叶子更大了，有的甚至远比手掌大。相对而言，低垂绽放的花儿却显得非常娇小，花冠为紫红色，花心处有橙色斑块。如此鲜艳的色彩搭配，估计对昆虫颇有吸引力，有利于它们前来帮助花儿授粉。苦苣苔的花序属于聚伞花序，其特点是，一丛花朵（或花苞）中，处于中央的花最先开放，然后渐及于两侧开放。因此，我看到的花，都是中间的已开放，周边的尚为白色花苞，而没有见到其花团锦簇的模样。

追踪"降龙草"

截至 2022 年 7 月，我已经把本地 6 种苦苣苔科植物的花都拍到了，而且多数都拍得比较满意，反而是比较常见的半蒴苣苔的花，我却没有一张较好的照片——以前几次见到，不是没到花期，就是处在花期末尾，花已接近萎谢。同样经过连续的跟踪拍摄，终于在 2022 年 9 月把半蒴苣苔的花拍得不错了。有趣的是，其生长地点与上文说到的苦苣苔的相同，在同一块石壁上。

半蒴苣苔，别名"降龙草"，为多年生草本植物，喜生于多岩石的阴湿处；其叶子对生，很大，深绿色，近椭圆形；花白色，呈长筒状，总之特征非常明显。宁波的 6 种苦苣苔科植物中，它的花期是最晚的，其余 5 种的花期在春末或盛夏，而半蒴苣苔在本地的花期通常是在 8 月下旬到 9 月，我估计 9 月上旬应该是其盛花期。

2022 年早春，我去龙观的高山上拍花，偶尔在瀑布旁的岩壁下见到一个半蒴苣苔的群落，它们长势非常好，于是决定到夏末的时候来拍花。谁知，9 月初，当我兴冲冲地赶到老地方，一看却傻眼了，眼前还是青绿一片，一朵花都没有！蹲下来仔细看，才见到植株的中央有绿色的球形总苞，其顶端还有个小小的尖头。不知道的，还会把这些总苞当作果实呢！在现场，有少数总苞已经绽开，稍稍露出了聚集在一起的多个花苞。看这样子，等花盛开恐怕还要半个月呢！

我原计划在 9 月中旬再去一趟，但由于种种原因，一直无暇进山。一直到下旬，才下定决心去看看。要知道，一旦错过花期，可得再等一年啊。9 月 24 日，周六，多云而凉爽，正是野外行走的好天气。在海拔 600 米左右的高山上，

◆ 半蒴苣苔常生于岩壁上

◆ 半蒴苣苔

◆ 半蒴苣苔（总苞）

气温不到 20 摄氏度，体感非常舒适。我沿着古道边拍边走，沿路拍到了多种野花与蝴蝶，如紫花前胡、风毛菊、密纹矍眼蝶和直带黛眼蝶等。

近一个小时后，终于又来到熟悉的瀑布附近。当时，听着从不远处传来的哗哗的水声，心中忽然变得忐忑不安，竟有一种类似于"近乡情怯"的感觉。是啊，答案马上就要揭晓了：我会不会来晚了，这里的半蒴苣苔的花期是不是已经过了？

当我逐渐走近，在 20 米外，就见到那一大丛暗绿色的半蒴苣苔中有很多白色的花朵！哈哈，果然如花友们常说的："花开得正好，我来得正巧。"这是何其幸运的事！

细看方发觉，半蒴苣苔的花冠并非纯白，而是隐隐有些粉红，恰如健康少女的娇嫩脸颊，白里透红，十分好看。在同一个花序上，好几朵花挨在一起，它们并非同时开放，而是有的已经凋谢，有的开得正好，有的却尚是花苞。花冠的开口处，还有一些紫色斑点，这实际上是"蜜源标记"，起到吸引昆虫过来访花、吸蜜、传粉的作用。

花不苦，还很美

上面较详细地介绍了两种苦苣苔野花的拍摄经过。接下来，限于篇幅，就简单介绍一下宁波的另外 4 种苦苣苔科野花。

吊石苣苔别名"石吊兰"，是一种非常矮小的灌木，多生于溪流边阴湿的岩壁上，在宁波的山区还算常见，只不过没开花的时候无人会注意到罢了。其叶片暗绿色，革质（摸上去较硬，如皮革），具明显的锯齿，通常3—4枚轮生，辨识度还是蛮高的。据我多年观察，在宁波，吊石苣苔的盛花期为7月底到8月上旬，花冠为长漏斗状，呈白色或淡淡的蓝紫色，内面具紫色条纹，清秀可人。也有吊石苣苔附生于古树上。有一年8月初，在宁海西店的一个小山村里，我看到古老的枫杨树上挂满了吊石苣苔的花，十分壮观。

旋蒴苣苔是多年生草本植物，在宁波山区属于丹霞地貌的岩壁上不难见到。这种植物俗称"猫耳朵"，显然跟其叶子的特征有关：叶紧贴岩壁而生，呈莲座状，叶子近圆形，有很多白色柔毛，状如猫耳。旋蒴苣苔的花期较长，我曾经在5月下旬就看到有少量开花，然后到8月还能看到花，而盛花期似在六七月间。我非常喜欢旋蒴苣苔的花，其花冠为淡淡的蓝紫色，在阳光下显得晶莹剔透，把坚硬的岩石点缀得生机盎然。

大花旋蒴苣苔亦为多年生草本，在宁波比旋蒴苣苔要少见，属于本地珍稀植物，花期在七八月间。幸运的话，在四明山的岩壁上，可同时见到大花旋蒴苣苔与旋蒴苣苔这两种"自带仙气"的野花。大花旋蒴苣苔的花朵外形与旋蒴苣苔的近似，但要大上一号，且具有更深的蓝色；其叶子则颇似菜叶，与旋蒴苣苔的叶子截然不同。作为典型的岩生植物，这两种旋蒴苣苔都有很强的耐旱能力，可以生存在干旱脱水的环境中，一旦遇水便能迅速复苏。

◆ 吊石苣苔

◆ 旋蒴苣苔

◆ 大花旋蒴苣苔

◆ 浙东长蒴苣苔

浙东长蒴苣苔为宁波的珍稀植物，是 2020 年才被发表的植物新种。其花期较早，在五六月间。早几年，这种植物被归类为温州长蒴苣苔的一个变种，故得名为"红花温州长蒴苣苔"。花色不同，是这两种长蒴苣苔最直观的区别所在：浙东长蒴苣苔的花为较淡的紫红色，而温州长蒴苣苔的花为白色。至于两者的叶子，则几乎完全一样，都接近圆形，边缘有较浅的锯齿。它们可谓花叶俱美。浙东长蒴苣苔生长在阴湿的岩壁上，有的地方人迹罕至。我有幸在宁波的 3 处沟谷中见过这种美丽而稀有的植物，前两个地方分别是在海曙与奉化的四明山中，另一个地方是在宁海的浙东大峡谷。

　　有时候，身处幽深的峡谷之中，望着耸立的悬崖峭壁，我会忍不住想：在宁波，会不会发现第 7 种苦苣苔科野花呢？我相信会有，真的十分期待。

海滨木槿：宁波你最『潮』

对于木槿，我自幼就很熟悉，老家浙江海宁的村子里，不论房前屋后还是田间地头，都不难见到用作篱笆或庭院点缀的木槿。木槿花期很长，会从夏天延伸到秋天。不过，对于我们这些淘气的孩子来说，木槿花的美丽并不是最重要的；相反，我们会"辣手摧花"，把花瓣全扯下来，剥出花蕊底部的子房（我想应该是子房吧），它呈圆锥形，黏性很强。然后，我们把这微小的圆锥体粘在鼻尖或额头上，手舞足蹈，作小丑状，以此取乐，而且乐此不疲。这是我童年最快乐、印象最深的事情。

到宁波工作后，方知海边有一种很有特色的珍稀植物，

◆ 海滨木槿

她的名字，叫作海滨木槿，其花朵非常美丽。不过，说来惭愧，曾有好几年的夏天，我都记挂着要去寻找、拍摄海滨木槿，但竟然一直错过，直到 2023 年夏天才终于一了凤愿。

扎根海岸线，看潮来潮往

我得说实话，这篇文章是本书正文最后完工的一篇。在 2023 年 5 月，我把书稿交给编辑老师时，就特意告知全书还差一篇，是关于海滨木槿的，但是我还没有见过这种花，必须等 6 月份开花了，我去海边寻访到了，才能成文。是的，别的花，我或许可以暂时不写，但海滨木槿我必须要写，否则会成为这本书的一大遗憾。

为什么这么说呢？那是因为，海滨木槿太有本地特色了，就好像主产于宁波的毛叶铁线莲一样，既然是关于宁波野花的书，不写可怎么行？

海滨木槿，为锦葵科木槿属的落叶灌木（少数长成小乔木），高度以2—3米居多，较少达到4米左右；在中国、日本以及朝鲜半岛均有分布，国内主要分布在浙东，即宁波与舟山，属于浙江省重点保护的珍稀野生植物。野生的海滨木槿只分布在海滨潮间带的上限处，耐盐碱能力极强，能抗强风，也不怕水淹，哪怕被海水暂时淹没达1米也安然无恙。因此，这是一种极好的海岸防护树种。

但海滨木槿绝不仅仅是一种实用性很强的乡土植物，还同样具有极强的观赏性。跟萱草、紫萼、大吴风草等一样，海滨木槿属于少数花叶俱美的乡土植物之一。木槿属的花，本来就以娇艳出名。《诗经·国风·郑风》中有一首很有名的诗，叫作《有女同车》，诗中反复吟唱"有女同车，颜如舜华""有女同行，颜如舜英"。华、英，都是花朵的意思；而舜，就是指木槿，也就是本文开头提到的在国内广泛分布的木槿。木槿的花瓣，白里透红，粉粉嫩嫩，以此来形容美丽姑娘的脸颊，真的是再合适不过了。而海滨木槿的花，花色鲜黄，花形别致，她的美比之于木槿，可谓有过之而无不及。而且，海滨木槿的花期在6—8月，在野花稀少的盛夏，能观赏到如此美丽、鲜亮的花朵，实为幸事。

◆ 海滨木槿的花朵、花苞与夏叶　　　　　◆ 海滨木槿在夏天也有极少的红叶

　　更难得的是，海滨木槿的叶子也很有特色。其叶为厚纸质，柔韧性较好，想扯碎都得费点劲；叶形很雅致，颇像古典绘画中仕女所用的小团扇。春夏时节，这些"小扇子"是碧绿的，而到了秋天，它们就慢慢由绿转红，最后成为火红色，挂于枝头，逐渐随秋风飘走。这情景，尽管有点像古人说的"秋扇见捐"，但没有凄苦的意味，我们感受到的，是大自然生生不息的力量。

　　所以我想说，扎根于原生态海岸线上，每天面对潮来潮往的海滨木槿是宁波最"潮"的野花，大家没意见吧？

初寻海滨木槿失败

　　早年，海滨木槿在浙东沿海分布较广，并不罕见，但最近几十年来，由于不少自然海岸线遭受破坏，造成其野生种群数量急剧下降。目前，在宁波境内，海滨木槿主要分布在象山、奉化与北仑，尤其以象山的蟹钳港海边居多。林海伦老师曾对宁波的海滨木槿进行过持续调查，屡有重大发现。如2016年9月，省内多家媒体报道称，林海伦在象山县新桥镇海边，发现成片生长的野生海滨木槿群落，总数超过500株，"这是目前国内发现的最大的野生海滨木槿群落"。后来，林老师在象山泗洲头镇海边，又发现了集中分布的海滨木槿，其种群数量在100株以上。

2022年7月下旬，我决定去象山海边找海滨木槿（前几年都是心里想着去，却没有付诸行动），事先在网上搜了很多相关报道，觉得应该先去新桥镇的蟹钳港海边看看，或许把握比较大。出发那天，是个酷热的大晴天，我带着女儿一起驱车来到新桥镇，找到了某个据说有很多海滨木槿的村子。在村里，我给村民看手机里海滨木槿的花的照片，问他们可曾在这一带的海边见过。原以为，总有人知道的，但令我惊讶的是，问了好多人，竟无人认识这种植物。无奈，我们只好在附近的海岸线上沿途慢慢开车，不时停车寻找，但最终还是一无所获。

中午，给林海伦老师打了个电话，问他去哪里找海滨木槿比较方便。林老师问清了我所在的位置后，告诉我在离我不远的小白蛇村就可以找到；同时，他还建议我去泗洲头镇看看，因为那里的海滨木槿就长在沿海公路边，相对比较好找。

于是，我们就先去小白蛇村。在村口停好车，就沿着海边一座小山的山脚滩涂走。并没有路，好在那时是退潮期，因此一开始走起来还是很方便的。后来，则需要攀岩上礁石，终于，在那里见到了几株海滨木槿。这是我第一次见到这种植物的实物，可惜那几株的花期都已结束，开始结果了。我不甘心，要继续往前，谁知前面的路非常难走，礁石太陡，没法攀爬，只好走泥涂。结果那块滩涂非常泥泞，最后把我们的鞋子、衣服全弄脏了，搞得一塌糊涂，狼狈不堪。绕小山近一圈后，好不容易上了岸，赶紧去村民那里用自来水洗洗鞋子与身子。自然，最后也没心情再去泗洲头镇海边了，当即开车回家。

又是一年花开时

眨眼又是一年，在 2023 年的夏天来临之前，我就下定决心，这一年一定要见到盛开的海滨木槿。于是，早在 6 月 10 日，我就独自驱车出发了。这次是直奔泗洲头镇，我沿着风景如画的蟹钳港海滨公路慢慢行驶，右侧的山坡上，不时可以看到一片又一片的栀子花，有的洁白有的金黄，我隔着车窗都仿佛能闻到那浓郁的花香。而在左侧的海边，则经常看到另一种雪白的花，花朵硕大，花量也大。后来，找到一个可以停车的地方，下车一看，果然不出所料，是硕苞蔷薇！这是本地最晚开花的蔷薇属野花。

很快就到了灵岩山的巨岩脚下，如果再往前开，过隧

◆ 栀子

◆ 在象山海边，硕苞蔷薇特别多

◆ 海滨木槿花朵中央为紫红色，特别醒目　　　　◆ 即将绽放的海滨木槿花蕾

道之后，就前往宁海县长街镇了。可是，沿途我并没有看到
海滨木槿的黄花。于是，带着略有失望的心情，只好原路返
回，同时也进一步放慢了车速。折返后开了约一公里，左眼
的余光忽然发现，一点鲜黄从车窗外掠过。海滨木槿，肯定
是的！我心里一阵激动，赶紧就近找了块空地停车，然后拿
着相机返回。果然，眼前有一大丛海滨木槿，只开了两朵花，
也有个别已经开谢了，其余则全是花苞。但我已心满意足
了，毕竟才 6 月 10 日嘛，盛花期还在后头呢，不用急。

　　细看这两朵开得正好的花，心里暗暗赞叹：天哪，比照
片上看到的美多了！先说颜色，海滨木槿的花瓣虽全为黄
色，但既非有点发白的浅黄，也不是浓艳的金黄，而是清新
的明黄，清丽耐看；在花朵中央，则是紫红色的花心与柱头，
还有花蕊柱上堆叠的黄色花药，鲜黄与紫红的和谐搭配，使

得整朵花更加娇媚动人。再看花形，其花冠略呈钟状，直径有5—6厘米，在野花中算是大花了；5枚带有浅浅条纹的花瓣交叠排列，给人以旋转的感觉，别致而灵动。

枝头满是浅绿色的花苞，它们都被苞片与花萼紧紧包裹着。少数花朵即将绽放，但见粉绿色的花萼已经裂开，那朵明艳的黄花就像是一把即将打开的雨伞，也像是一枚快要出膛的微小炮弹，生机勃勃，呼之欲出。

最令我惊奇的是，竟然连即将凋零的花朵都那么美艳动人！刚开败的海滨木槿，花色转变为较浅的玫红色，有的花低垂着，像是一件随意搁在枝头的小纱裙；有的花才刚刚有点闭合，看上去好似朱唇微启，欲语还休。

拍完之后，我又在周边转了转，发现路边的海滨木槿实际上都生长在一条通往海湾的大沟里，有二三十丛。几百米外有一座海边小山，山脚下的礁石上，也有好多海滨木槿，不过都还没有开花。在踏访过程中，也见到了不少海滨特色野花，除了到处都是的栀子与硕苞蔷薇，其他还有滨海珍珠菜、山菅（也叫山菅兰）、海岸卫矛等，另外，大吴风草也非常多，不过其花期在秋季。

一周后的周六，即6月17日，也就是2023年宁波入梅的第一天，我又去了泗洲头镇海边。果然，尽管还未到真正的盛花期，但我至少发现有两株（或者说两丛）海滨木槿已经是繁花满树，枝头一片亮黄，非常显眼。其中一株，竟直接斜斜地长在人工堤坝的石缝里。雨后的花朵，犹挂着滴滴晶莹的水珠，太美了。

◆ 即将凋谢的海滨木槿花朵如一件小小的纱裙，搁在枝头

◆ 开败了的海滨木槿花朵逐渐变红，如朱唇微启

◆ 滨海珍珠菜

◆ 山菅（也叫山菅兰）

◆ 海岸卫矛

◆ 大吴风草的叶子，花期在秋季

而在蟹钳港沿海公路的山坡上，只要是潮水够不到的地方，就从未见到海滨木槿生长。就像专家说的，在野外环境中，海滨木槿的种子是靠海水来传播的，然后在合适的地方萌芽、生长。这真的是一种了不起的植物！

尾　声

2023 年夏天，我如愿拍到了海滨木槿，真的感到特别幸福。我觉得，虽然同为锦葵科木槿属的植物，但木槿与海滨木槿的"气质"很不相同。如果说，木槿如同温婉沉静的小家碧玉，那么海滨木槿就恰似英姿飒爽的江湖女侠。

以后，我将持续关注海滨木槿，盛夏的时候我会再去看她们的花，秋天我会去赏她们的红叶与果实。希望这种优良的乡土植物能在海边好好地生长繁衍，壮大种群。

如今，海滨木槿在宁波的不少公园绿地里都有种植，如鄞州公园、院士公园内都有，大家若没有时间去海边寻找，也可以在市区就近欣赏。

另外，除木槿、海滨木槿外，在宁波有栽培的常见锦葵科植物还有大花木槿、牡丹木槿、木芙蓉、重瓣木芙蓉（以上均为木槿属）、锦葵（锦葵属）、蜀葵（蜀葵属）等，都非常好看。

◆ 木槿

◆ 木芙蓉

◆ 重瓣木芙蓉（实际上就是木芙蓉的园艺种）

◆ 蜀葵

夏日忘忧草

以前，我常听花友孙小美说，在宁波，过了 4 月，一年中的盛大花事基本就过去了。当时，我还不大理解，心想这一年才刚过了三分之一呀，咋就说"花事基本过去"了？多年之后，随着观花经验的日益丰富，才觉得她的话确实有些道理。江南的春天是那么短暂（近些年随着全球变暖的加快，尤其显得如此），多数植物都匆匆忙忙地，要赶在三四月间这气温与雨水都比较适宜的时光里，完成开花、授粉、结果这件大事。

因此，在大家常说的"人间最美四月天"里，山野里每天都有无数种类的野花在绽放，以拥抱这转瞬即逝的美好春光。对我们这些"花痴"来说，也同样恨不得天天在野外，寻找、拍摄一种又一种娇美的野花。

到了 5 月底，宁波通常已经入夏，而山里的野花也明显减少。不过，初夏时节，在山中溪流或古道旁，仍有不少美丽野花开始进入盛花期，其中，就包括被称为"忘忧草"的历史名花：萱草。

焉得谖草，言树之背

自古以来，萱草频频出现在中国古典诗歌与绘画中。最早提到萱草的古诗是《诗经·卫风·伯兮》，全诗如下：

> 伯兮朅兮，邦之桀兮。伯也执殳，为王前驱。
>
> 自伯之东，首如飞蓬。岂无膏沐？谁适为容！
>
> 其雨其雨，杲杲出日。愿言思伯，甘心首疾。
>
> 焉得谖草？言树之背。愿言思伯。使我心痗。

此为女子思夫之诗。其大意是，丈夫服役出征，久久不归，妻子在家日夜思念，无心打扮，乃至头疼心痛。诗中提到两种野花，即飞蓬与谖草（即萱草），这里先说萱草。

"焉得谖草？言树之背。愿言思伯。使我心痗。"这几句诗的大意就是："哪里能得到萱草呢，我要把它种在北堂（树，种植；背，即屋子北面）。每天盼你念你，我已忧思成疾。"李时珍《本草纲目》草部第十六卷有"萱草"条，其中说："《诗》云'焉得谖草？言树之背'，谓忧思不能自遣，故

◆ 萱草多生于溪流附近

◆ 这朵萱草的花中央有一只绿色的螽斯

欲树此草，玩味以忘忧也。吴人谓之疗愁。"

何以忘忧？唯有萱草。因此，在古人眼里，就文化、心理层面而言，萱草起初的意义是解忧、忘忧，故得俗名"忘忧草"。后来，萱草又被民间称为"宜男草"或"宜男花"，因为人们相信怀孕妇女佩戴萱草，就可以生儿子。这当然只是迷信而已。

在古代，萱草在民间即已普遍种植，常植于后院。住宅通常坐北朝南，位于北边的后院是家眷居住之地，因此后来人们又以"北堂"或"萱堂"来作为母亲的代称。从此，萱草成了中国的母亲花，经常被诗人咏唱。如唐朝诗人孟郊《游子》诗云："萱草生堂阶，游子行天涯；慈母倚堂门，不见萱草花。"元代画家、诗人王冕《今朝》诗的前四句为："今朝风日好，堂前萱草花。持杯为母寿，所喜无喧哗。"

顺便说一下，后世出现了"椿萱并茂"的用法，这个成语分别以椿树和萱草来指代父亲和母亲，意谓父母都很健康。以萱草比作母亲，典故出自《诗经》，那么为何用椿比作父亲呢？《庄子·逍遥游》云："上古有大椿者，以八千岁为春，八千岁为秋，此大年也。"因大椿长寿，故古人用来作为父亲的代称，表示祝福。

萱草：黄花菜的近亲

萱草，为阿福花科（原被划入百合科）萱草属的多年生草本，在国内分布很广；花期较长，可以从 5 月持续到 8 月，人工种植的甚至到 9 月还在开花。在宁波，如今在城市公园里也大量种植了萱草，它们在 5 月中下旬就开始盛开；而山里的野生萱草，要到 6 月才进入其盛花期。

野外的萱草，多生于溪畔或较阴湿的山路边。6 月，行走于原生态环境良好的四明山中，不难看到一种硕大的橙色野花，那就是萱草。萱草花叶俱美，大丛的碧绿的条状叶纵横交错，粗壮的花葶从绿叶丛中挑出，高度为 60—100 厘米，顶生数个花苞，花儿依次开放，通常晨开暮谢。萱草的花很大，近漏斗状，花色从橘黄到橘红皆有，极为艳丽；6 枚花被片边缘微皱，前端稍稍反转。

对了，大家或许吃过黄花菜吧？黄花菜与萱草其实同属于萱草属，前者的花朵黄色，且比较瘦长；而后者的花则呈橘黄或橙红，花形接近漏斗状。黄花菜含有少量有毒的秋水仙碱，通常先制成干品，再经过高温烹煮或炒制，即可食用，是佐餐佳品。但萱草含大量秋水仙碱，不能食用。

另外，既然讲到了《卫风·伯兮》，那么就顺便说一下诗中提到的另一种野花，即飞蓬。诗云"自伯之东，首如飞蓬"，这里的"飞蓬"，为菊科飞蓬属的植物，这类植物在宁波最常见的是一年蓬与费城飞蓬（也叫春飞蓬），均为外来归化物种。前者花期很长，从春末持续到秋季，而后者的花期主要在 4 月。飞蓬属植物的花朵为头状花序，看上去像散乱的头发，在诗中比作蓬头垢面的样子。故诗人又说："岂无膏沐？谁适为容！"翻译成现代大白话就是："我岂没有化妆品？可是打扮好了又能给谁看呢？"

◆ 人工种植的黄花菜

◆ 一年蓬

野花变家花

前文提到，萱草在宁波的公园绿地中广为种植，其实，类似的乡土野花变身为人工栽培的"家花"的，还真不少：初夏的花还有栀子、玉簪，秋花则有大吴风草等，它们都是花叶俱美、特色鲜明的花卉。大吴风草是一种很特别的菊科野花，本书后文还有详细介绍，因此这里略过，现在先为大家介绍另两种初夏名花，即紫萼（别名"水玉簪"）和栀子。

紫萼为百合科玉簪属的多年生草本植物，多生于溪流边，花期跟萱草差不多，因此有时可以在萱草的旁边看见紫萼。它的绿叶呈心形、卵形或卵圆形，较宽大，形态优美；长长的花序梗上开着多朵淡蓝紫色的小花，微呈喇叭状，清丽可人。在宁波的绿地中，也常可见到栽培的玉簪属的花，有玉簪、花叶玉簪和紫玉簪。除紫玉簪外，这些花儿的花色较白，最多只有淡淡的紫纹。

当然，较之于玉簪，更为大家所熟悉，也更常见的是香气扑鼻的栀子花。栀子为茜草科栀子属的常绿灌木，据说是因为这种植物的果实的形状像古代的青铜酒器"卮"，因此古人就给它命名为"栀子"。栀子在国内分布较广，在宁波的山区也很常见，花期在5—7月，盛花期在6月。栀子的花为单朵生于小枝的顶端，花色洁白，具有浓郁的芳香。跟忍冬（俗称"金银花"，为著名的中草药，在绿化中也有运用）一样，栀子花初开时为白色，快萎谢时转为黄色。

◆ 紫萼

◆ 栀子

◆ 忍冬（金银花）

野生的栀子花为单瓣，花瓣常呈卷曲状，使得整朵花看起来像是一个风扇；而作为园艺种的栀子，其花朵也是白色、芬芳，不过多为重瓣。我个人认为，重瓣的栀子花反倒失去了野花的那种简约、清丽之美。

人们常说"家花哪有野花香"，其实，只要运用得当，野花亦可变"家花"，都可令人赏心悦目，见之忘忧。从园林绿化的角度看，尽量少引种那些容易"水土不服"（或与城市气质显得较为违和）的外来植物，而多多优选、培育一些美丽的乡土野花，将其引入城市，岂不是美事一桩？

云中徒步：野百合探访之旅

罗大佑曾创作过一首有名的歌曲《野百合也有春天》，歌中云："就算你留恋开放在水中娇艳的水仙，别忘了山谷里寂寞的角落里，野百合也有春天。"确实，与水仙之类常见栽培花卉比，野生的百合花并不为大众所熟悉——因为，它们大都生长在山谷"寂寞的角落里"。

2022 年 5 月底，我看到小山老师写的《细雨斜风访百合》一文，得知当时在浙东大峡谷可以拍到野百合，非常心动。于是，先向小山老师打听了寻访路线，随后于 6 月 3 日即端午节当天，独自驱车前往 100 多公里外的浙东大峡谷寻花了。

云雾深处探天姥

　　从宁波市区出发的时候，天空云量很多，但并未下雨。我喜欢这样的天气，光线柔和，适合拍花。一个多小时后，到了宁海黄坛镇的山里，但见植被葱茏，山川如画，云雾缭绕，恍若仙境，不禁心生欢喜。沿着盘山公路一直往高处行驶，随着海拔的升高，天气开始变幻莫测，先是下起雨来，能见度越来越差，后来竟一头扎进了大雾之中，50 米之外即已看不清物体轮廓。或许，与其称之为雾，还不如称之为云更恰当——也就是我之前所见到的缠绕在山顶的云雾。

　　我放慢车速，小心翼翼前行。说也奇怪，忽然间眼前又是豁然开朗，前方有个山村浮现在眼前。这就是中央山村，那里居然没有任何云雾。十几分钟后即到达下一个村子，也正是我的目的地：里天河村，其所处的海拔有 600 多米。然而令我哭笑不得的是，里天河村竟也是"泡"在弥

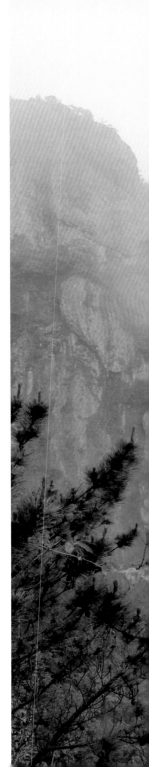

◆ 云雾中的天姥峰

漫的云雾中。虽然此前打听过路径，但眼前一片白茫茫，几乎不辨东西南北，村外又无人可询问，我试探着走了两个路口，结果都是错的。折腾了半小时后，终于碰到了一个当地人，向他打听清楚了通往浙东大峡谷的入口的确切位置。

这个入口就在一条狭小的公路旁，附近有废弃多年的房子。沿此隐秘的入口逐级而下，进入密林。石砌的小路颇为规整，但林中非常阴暗，湿气也重，几乎到处都在滴水，只能慢慢走，以免打滑。路边除了中国绣球，罕有其他野花；林中鸟语间关，亦未见其影。前行未远，即为当地著名的天姥峰景点，有亭筑于绝壁之侧，适于观景，惜当时云雾太大，只能隐约看到对面的险峻山峰。

李白《梦游天姥吟留别》开篇云："海客谈瀛洲，烟涛微茫信难求；越人语天姥，云霞明灭或可睹。天姥连天向天横，势拔五岳掩赤城。天台四万八千丈，对此欲倒东南倾。"宁海之天姥峰，是否即为诗人"梦游"之天姥，尚存争议，不过就其地山崖之奇险、云霞之多变而言，倒也颇符合诗意。

恰在此时，小山老师打来电话，问我情况如何。我说，已经找到路径，但山上雾气很大，有时还飘点小雨，估计要到峡谷底部才会没有雾。小山老师说，宁波市区天气不错，没想到山上还有雨雾。他告诉我，观景亭附近的悬崖峭壁上就有野百合，但位置太高，只能看看，难以拍摄，而到最底下的大松溪旁，就能看到距离较近的野百合。有趣的是，我们的这番对话，刚好被也来游玩的一对姐弟听见了（后来聊起来我才知道，姐弟俩老家在四川，弟弟也是植物爱好者，并

◆ 云雾中的野百合

且关注了小山老师的微信公众号《小山草木记》)。等我们走到亭子下方的观景平台，就听到那位弟弟在大声招呼我："快来！观景台下面的崖壁上就有百合！"

我过去低头一看，下方乃是茫茫云海，而在十几米外的峭壁草丛中，宛然可见两朵硕大的野百合开得正好。它们像是两个白底紫纹的小喇叭，对着幽深的峡谷，用大自然才懂的语言，进行无声的广播。

大松溪畔赏百合

离开观景台，沿着几乎是直上直下的台阶往谷底走，部分路段架着木排，但湿滑无比，我是紧抓着护栏，一步一步挪过去的。沿途的石壁上，也见到不少野百合，但一则所处位置很高，二则雾气太大，故无法拍摄。就这样，在密林中慢慢往下走了大半个小时，才终于从山顶来到谷底，即大松溪畔。这个季节的树林中开花植物很少，沿途我只拍了某种过路黄（疑为疏头过路黄）。这是一种属于报春花科珍珠菜属的草本植物，在宁波有分布的过路黄有多种，它们的茎常平卧于路面，春末夏初开黄色的花，故名"过路黄"。

步道尽头，就是谷底，但见开阔的大松溪从左至右，从峡谷深处一路奔腾而来，水声轰鸣，喷珠溅玉，蔚为壮观。回望山顶，犹见云遮雾罩；漫步溪畔，却是风柔气清。诚如小山老师所言，这地方的山坡上就有一个野百合群落，离地三四米高。我数了一下，共找到 10 朵野百合。有的花显然已经开了多日，白色的花被片上开始出现黄色斑块；也有好几朵是新开的，看上去光鲜得很。

拍花不像拍鸟，不用怕眼前的花儿会飞走，因此我也不急着马上拍摄，而是先在平整的溪石上坐了下来。毕竟，为了看这几朵花，我已经开了 2 个多小时的车，又走了很长的山路，也该放松一下，体会一下那种心愿达成后的平静的快乐。一阵风来，细雨忽集，凉意顿生，旅途辛劳消散大半。

站起身来，拿出相机，开始拍花。透过长焦镜头，我细细欣赏野百合。它们生长在土壤并不深厚的岩壁上，植株高度有一米多，顶端有的开一朵花，有的是两朵（据我看到的照片，有的植株可以开 3—5 朵）。花朵硕大，花被片的前端向后反卷，中央的雄蕊上的花药为橙红色，引人注目。不少

◆ 疏头过路黄

◆ 细雨中的野百合

小昆虫在花里面进进出出，十分忙碌。有一朵花的花冠上还趴着一只"阴险"的蜘蛛，它不结网，专门守在一旁伺机捕捉来访花的昆虫。雨丝开始密了起来，洁白的花朵在微风中轻轻摇动，那种清丽之美难以用语言描述。野百合的花是有香气的，可惜它们长在高处，我不敢爬上湿滑的岩壁，去一亲芳泽。

之后，我在这段溪流的上下游都各走了几百米，又见到了好多野百合。不过它们全长在山崖高处，故只能远望而不能近观也。其中，有一块位于湍急溪流对岸的巨大而陡峭的石壁，上面的植物十分茂盛。我用长焦镜头拍了下来，再把照片放大来检视，才发现那块石壁上全是宝贝：除了几十株野百合，还有大量正在开花的珍稀植物浙东长蒴苣苔。

一路走来，还看到了尖叶唐松草、栀子等数种野花。这种原生态环境极好的峡谷溪流也是蜻蜓目昆虫的天堂，那天我见到了3种俗称为"豆娘"的螅（cōng）。其一，是一只赤基色螅的雄虫，当时它扑闪着红色的翅膀在我眼前一掠而过，这是我2022年第一次见到这种大型豆娘；其二，距离也比较远，它的翅膀为金色，疑为褐单脉色螅；其三，是一只刚羽化为成虫不久的螅，身体颜色较浅，疑为黄肩华综螅。至于鸟儿，引起我注意的，只有一只褐河乌。

时间不早，必须返程了。这回，是背着沉重的摄影包一直往上爬，正所谓"千岩万转路不定，迷花倚石忽已暝"，在密林中走过无数台阶，汗出如浆，休息多次，终于回到近山顶处的观景平台。赶紧把包往地上一放，就到栏杆处远眺风

◆ 尖叶唐松草

◆ 大松溪

◆ 赤基色蟌

景：真是天助我也，当时慢慢云开雾散，但见对面壁立千仞，渐显峥嵘，确有"势拔五岳掩赤城"之气势；低头俯瞰，见曲折的峡谷中白练一条，即大松溪也，我简直不敢相信自己就是从溪畔走上来的！

附：宁波的野生百合花

在植物分类学上，百合科下面有好多个属，不同属的植物的花很不相同。而外观最接近大家对百合花的印象的野花，主要是百合属与大百合属这两个属的植物的花。在宁波，属于上述两个属的植物并不多，满打满算，也只有6种。百合属的占了5种，分别是：卷丹、药百合、野百合、百合、黄花百合(也叫巨球百合)。其中，后两种属于野百合的变种。而在本地有分布的大百合属植物只有1种，即荞麦叶大百合。不过，在宁波，这6种花的花期都是在夏季，而非春季。

上述每一种都不是广泛分布的常见野花，目前只拍到其中的4种，尚有百合与黄花百合未曾见过。关于野百合的介绍已见前文，而关于药百合在下一篇有专门讲述，因此这里简单介绍一下我拍到过的另两种百合，即卷丹与荞麦叶大百合。

卷丹，同样在浙东大峡谷，溪边还生长着卷丹，其花期晚于野百合，主要是在7月前后。卷丹的硕大而低垂的花可谓特征鲜明：花被片为橙色，具有很多暗紫色的斑点，并且向上强烈反卷。

荞麦叶大百合，属于国家二级重点保护野生植物。多年前，我就见到过这种植物，但所见的都是其硕大的叶子，却从未拍到过花朵。2022 年 7 月的最后一个周末，在海曙区龙观乡的高山上，我终于一了夙愿，拍到了成片的荞麦叶大百合。这种植物喜生于山坡林下阴湿处，花期 7—8 月，花朵的外形如修长的喇叭，洁白美丽，还具有淡淡的芳香。

◆ 卷丹

◆ 荞麦叶大百合

三访药百合

如果有人问我：在你拍野花的经历中，哪一次最惊险最辛苦？回答是：去括苍山拍药百合那一次。

如果有人问我：在宁波本地，哪一种野花最让你感到惊艳？回答是：药百合。

是的，都是药百合。为了拍她，我曾三次奔赴深山，虽然非常辛苦，但每一次，在见到她那美丽容颜的一瞬间，我都觉得一切都是值得的。

初寻药百合

2015年的时候，我非常痴迷拍野花，而且特别喜欢"以貌取花"，故尤其注重拍摄宁波及周边地区的高颜值野花。那年 8 月上旬，花友孙小美告诉我在台州临海的括苍山中，有一种非常好看的野生百合，叫作药百合（也叫鹿子百合），应该到了盛花期。问我有没有兴趣一起去拍。我马上欣然同意。

于是，8 月 9 日上午，我与妻子，和孙小美一起，驱车从宁波出发，直奔括苍山。尽管说走就走，但那天我们心里是忐忑不安的。因为，就在前一天晚上，2015 年第 13 号台风"苏迪罗"在福建省莆田市再次登陆，受其外围影响，台州地区难免有风雨。不过，当我们来到括苍山脚下与台州花友会合的时候，倒是多云的好天气。于是，人人兴高采烈，组成了一个车队，随即向山上进发。我们的计划是完美的：先开车到山顶，美美地吃一顿农家菜，然后下山，沿途找花。然而，人算不如天算，还没到山顶，天就变黑了，风也一阵紧过一阵。到了餐馆旁，刚停好车，瓢泼大雨已经劈头盖脸地砸了下来，一帮人简直是"抱头鼠窜"，纷纷跑到室内。

午饭后，雨还是很大，找花是不用想了。大家略作商议，决定还是赶快下山为妙。因为，万一下午一直是狂风暴雨的话，则很容易暴发山洪，我们恐怕得被困在山上了。于是，大家赶紧上车，匆匆撤退。说真的，我也算是开车多年且经历过各种天气、路况的老司机了，但那天情势之危险，还真是第一回遇到。

大雨中在弯弯曲曲的山路上开车，视线本就不佳，更何况此时暴雨的积水已经在路面上汇成了一条小河。不过这也

◆ 在括苍山的台风雨中拍摄的药百合

算了，最可怕的是路面上有很多被冲刷下来的大大小小的石块，让人唯恐避之不及——如果不幸被一块石头弄坏汽车底盘，可就有大麻烦了。就这样，我们的车队在奔腾于盘山公路之上的急流中左躲右闪，终于有惊无险地到了半山腰之下。

　　说来也是万幸，到了低山地段，风雨就明显小了，甚至偶尔还有阳光显露。于是，我们选了一个空旷地带，停车休息，缓解一下紧张心情。当时，我正拿着相机拍湍急的溪流呢，忽听不远处传来孙小美激动的叫声："药百合！"顿时，所有人都围上前去，个个脸上难掩兴奋之情。毕竟，原本每一个人都以为这次是无缘见到药百合了。我抬头一看，可不，就在路边山坡上的灌木丛中，挑出了两盏艳丽的"宫灯"，可不正是药百合吗?!

从仰视的角度来看，那两盏"宫灯"，一盏深红中带紫色，说明花开正好；另一盏也是紫红色，但颜色明显较淡，显示离凋谢已经不远。我们不顾草木湿衣，依次爬上山坡拍花。但见那两朵药百合上也是挂满晶莹的水珠，显得越发娇美动人。

再觅药百合

在浙江，花朵较为硕大的野生百合花主要有野百合、巨球百合、荞麦叶大百合、卷丹与药百合等少数几种，它们均在夏季开花，其中药百合花期最晚，要到 8 月才迎来盛花期。上述 5 种野生百合，前 3 种的花朵均为直筒状的喇叭形，而后 2 种的花被片在中部以上出现强烈的反卷。在植物学上，在无法区分那是萼片还是花瓣时，就将其合称为花被片；不过，我个人认为，为便于读者理解起见，将百合的花被片称为花瓣也未尝不可。各种野生百合中，药百合是最美丽的，这一点似乎得到了公认。

2015 年 8 月 9 日到括苍山拍药百合，整个过程相当狼狈，虽说最后还是拍到了，但毕竟还是不过瘾。几天后，我和孙小美商量：台州括苍山有这种花，说不定和台州天台县相邻的宁海天台山中也有，何不去看看？说来也巧，当时刚好从林海伦老师那里得知，宁海黄坛镇的山里，有一种名叫

◆ 药百合的花，像是精美的宫灯

◆ 药百合

◆ 齿瓣石豆兰的花非常微小

"齿瓣石豆兰"的微小的野生兰花正当花期。于是，我们决定去一趟那里，拍摄齿瓣石豆兰，兼寻药百合。

不过，令人惊喜的是，当我们途经槜坑村附近时，在车里就看到不远处的竹林边，赫然有多株药百合正盛开！赶紧停车拍花。这回，天气晴好，花又近在眼前，得以让我们仔细观赏。药百合花开时呈低垂状，6枚花被片为白色，边缘有波纹，中部以上反卷，下半部的内面为红色，多紫斑与流苏状的凸起（估计是为了吸引并方便传粉的昆虫前来与立足）；6枚雄蕊也向下张开，花丝长5—6厘米，末端是绛红色的花药（里面装满了花粉）；雌蕊一根，位于正中间，显得特别粗壮。这么大的一朵花，极为艳丽，却丝毫不给人浓妆艳抹之感，反而让人觉得她清丽脱俗，所谓"自带仙气"，恐怕这就是造物的奇妙吧！

过了槜坑村，又开了半小时车，到达目的地。在溪畔既拍到了齿瓣石豆兰，还再次见到了药百合，简直让人乐得合不拢嘴。

三访药百合

一眨眼几年过去了，我没有再见过药百合。直到2021年8月中旬，在朋友圈里见到小山老师在宁海刚拍的药百合，就遏制不住再去寻访的冲动。

说走就走，收拾好器材，我就独自驱车，直奔宁海黄坛镇的深山。在途经中央山村至槜坑村这段路时，我明显放慢了车速，注意观察路边，然而没有找到一朵药百合。在临近榧坑村的三岔路口，我还停了一会儿车，步行进入一条现已废弃的盘山公路寻找，还是一无所获——而6年前，正是在这里见到不少药百合的。

无奈，只好继续驱车前往逐步村，发现清水溪畔的草木特别茂盛，前几年清晰可见的小径如今几乎已被植被淹没。然而，还是没见药百合。沿路所见比较招眼的植物是野鸦椿，其果子成熟后，软革质的红色果皮会开裂，露出里面的黑色种子，犹如满树红花上点缀着颗颗黑珍珠，很吸引人。在溪边，还看到了俗称"水杨梅"的细叶水团花，花朵也很有特色，远看真的有点像杨梅。

说真的，我一开始还真有点郁闷，心想开了两个半小时车来到这里，难道会一无所获？但转念一想，"既来之，则安之"，这里的原生态这么好，随便拍点什么都行。于是，沿路寻寻觅觅，倒也拍到了两种以前没见过的蝴蝶，分别是黄豹盛蛱蝶和白点褐蚬蝶。

中午，在溪边吃了点干粮，通过微信询问小山老师前几天是在哪儿看到药百合的。小山老师给了我详细的指点，我才又有了信心，立即起身，回到公路旁，驱车直奔榧坑村。向西穿过榧坑村后，到了若干小村庄，但一开始也没找到药百合，正要失望而返的时候，忽然注意到，一百多米外的溪流对岸的竹林边缘有两三朵红白相间的花儿。看状态，它们似乎是低垂着头的。非常可能就是药百合！我马上停车，提着相机奔了过去。果然是药百合！

◆ 野鸦椿

◆ 黄豹盛蛱蝶

◆ 细叶水团花（水杨梅）

◆ 白点褐蚬蝶

当时，一位老农扛着锄头走过，他跟我说："这是百合花，好看吧？它下面的根是圆的，可以吃，还可以做药呢！"说着，他就抡起锄头，作势欲挖。我连忙阻止，说："别挖，别挖，这么好看的花，挖了太可惜了。我从宁波市区大老远过来，就是为了拍这个花呢！"

老农笑笑，走了。这位村民是按照老习惯，从实用的角度来看待药百合，这固然无可厚非；但我想，现在的我们，能否多用一点审美的眼光来看待身边的自然之物呢？正如唐代诗人张九龄《感遇》诗云："草木有本心，何求美人折。"岂不是好？

附：一点呼吁

药百合的花和鳞茎均可入药，具润肺止咳、宁心安神等功效，因此得名药百合。其实，其他百合的鳞茎通常亦可药用，不知为何将其独称为药百合。我翻《浙江野花300种精选图谱》，发现在描述卷丹时，就专门注明：其鳞茎是浙江中药材"百合"的主要来源。卷丹在宁波有野生，也有种植，而药百合主要是野生的，少见栽培。在这里，我也想呼吁一下，大家尽量不要去采挖野生植物（那些受法律保护的植物就更不用说了，私自采挖属于违法行为），如有需求，可采用栽培种来替代。

水上花

　去过桂林的人，如果喜欢野花的话，或许曾在当地的溪流中见到、拍摄过一种漂荡在清澈流水之上的洁白小花——大名鼎鼎的海菜花。可惜海菜花只分布于我国云南、贵州、广西和海南等地的部分地区，在浙江是见不到的。

　不过也别太遗憾，宁波虽然没有海菜花，却有水车前。这两种花，都是属于水鳖科水车前属的植物。说起来，水车前还是这个属的"属长"呢。在夏末秋初盛开的本地野花中，清秀脱俗的水车前是我的最爱，没有之一。

何谓"水车前"？

　说到这里，不知道大家是否跟我一样好奇：为什么她叫

"水车前"？这别致的名字到底是什么意思？查资料，水车前，别名水带菜、牛耳朵草、龙舌草(作为中药材使用时的名字)等，为水鳖科水车前属多年生沉水草本植物。首先，是"水鳖科"，这个科名就让人费解：何谓水鳖？据我所知，有一类叫作龙虱的水生昆虫，其俗名为水鳖，但不知作为昆虫的水鳖与作为植物的水鳖有何关系。

再来看"水车前"这个名字，最初，我想当然地理解为"水车，前"，即长在水车前面的水域中的植物，但总觉得这种解释怪怪的，不那么靠谱。后来偶然读到相关文章才恍然大悟，其实应该把这 3 个字读作"水，车前"，即水里的车前草！车前草大家都比较熟悉，这是一种随处可见的野草，也是一种著名的药用植物。有趣的是，水车前跟车前草一样，都有一个俗名叫作"牛耳朵草"，这说的是两者的叶子形状比较相似。这长在水里的"牛耳朵草"，就被叫作"水车前"了。

我第一次见到水车前这种野花，就被她的美深深打动了。那是在 2014 年 9 月初，记得那天天气很热，我和朋友李超在鄞江镇的田野里拍蝴蝶，刚好遇到林海伦老师在那里考察植物。林老师告诉我们，附近山脚的水沟里有水车前正在盛开，值得去看看。这是我第一次听说这种野花，于是马上兴冲冲地过去寻找。

好不容易，在被植物所遮蔽的一条不起眼的小沟里，我们找到了水车前。这条沟的宽度只有半米左右，水很浅，但比较清澈，几乎看不出在流动。几朵清丽的花儿就仿佛漂在水上，水下是如同菜叶的碧绿的叶子。一只杯斑小蟌——一

◆ 生长在山脚清澈水沟里的水车前

◆ 杯斑小螅停在水车前的花上

种非常小的豆娘——停在一朵花的花瓣上。在宁波，水生的野花本来就很少，像水车前这样好看的，可以说绝无仅有。2015年9月，我又去这个地方找水车前，发现环境比上一年恶化了，周边开辟了果园，附近原有的植被少了很多，水沟里的水几乎断流了，只有一朵花正在开放。

后来有一年，邬坤乾老师带我到奉化尚田镇的某处山脚，在一块芋艿田附近的水沟里，我们又发现了少量水车前。可惜看到的时候不是花期。水车前原本是一种在中国南方分布广泛的植物，喜欢生活在水质良好、水流很缓（或者是静水）的水沟或池沼里，被认为是显示水环境质量的指示物种之一。不过，近些年来，由于环境的变化，在野外找到水车前越来越困难了。

邂逅"水上仙子"

2018年9月10日，我去东钱湖附近的山里，初衷是想去找找野果。谁知，当天并没有找到几种有特色的野果。走走停停，到了一个池塘边。目光往水面上一扫，不由得停住了脚步：水上一朵朵白色的小花是什么花？赶紧跑过去一看，顿时又惊又喜：天哪，居然是水车前！我以前从来没有见过这么多开花的水车前！足有一两百朵。

从稍远的距离看，这些状如小水晶杯的花朵呈白色，而近看则是淡淡的粉紫色，有时还有点蓝色的感觉。3枚呈倒心形的花瓣，晶莹剔透，柔软微皱，仿佛吹弹可破。花朵的

◆ 池塘中的水车前

中央，是十几根鲜黄的花蕊。这里的水车前，绿色的叶子比较宽大，为长圆形，虽然在水面上也有很多叶子，但其实更多的叶子是在水下。很多蜻蜓、豆娘、蝴蝶等昆虫在水面上飞来飞去，不时停歇在花或叶上。我拍了一会儿照片，就坐在岸边的石头上，独自一人，静静地观赏这些美如仙子的花儿。那时已是下午4点30分左右。过了一会儿，柔和的阳光忽然从西边的云层中冒了出来，洒在开满花儿的池塘上。微风吹过，洁白的花儿在绿波上轻轻晃动。

这个池塘位于山坡的平缓地，其水源为山上小溪水及周边雨水的汇聚，其长度有三四十米。这样的环境，确实是非常适合水车前生存的。

2022年9月，我兴冲冲地再去那里，想再一睹水车前盛开的美景。但万万没想到，这里的水车前竟荡然无存，取而代之的，是几只家养的大白鹅在水面上游弋！唉，这真的太可惜了！

顺便提一下，近几年的初夏，在鄞江镇上游的章溪中，我多次发现水面上开着无数的小白花。仔细一看，其花形跟海菜花、水车前都非常像，显然也是属于水鳖科的植物，只不过花朵非常小，其直径不过1厘米左右。我原以为这是轮叶黑藻，后来请教了别人，得知这是水蕴草。这是一种原产于南美洲的外来植物，在水族馆里常用，章溪的水蕴草应该是属于逸生的。

◆ 水蕴草

"参差荇菜"湖上漂

说完了"最美水上野花"水车前,再让我们看看本地还有哪些"水上花"。先来读一读中国第一部诗歌总集《诗经》的开篇第一首诗,即《关雎》:

> 关关雎鸠,在河之洲。窈窕淑女,君子好逑。参差荇菜,左右流之。窈窕淑女,寤寐求之……

对这首诗,相信大家都耳熟能详。诗中提到了一种名为荇菜的植物。荇菜,是龙胆科荇菜属的植物,无论在中国的南方还是北方,都很常见,尤其是现在,常被用作景观水域的植物。荇菜喜欢生长在池塘或流动缓慢的水中。古代的淑女们喜采其嫩叶、嫩茎作为佳肴。在宁波，每当春末夏初，荇菜的金色小花挺立于水面上，开始成片盛开，非常好看。

2018年初夏，我一到东钱湖马山湿地，就见到湖面上金灿灿的一大片，全是荇菜的花儿。当时，阳光明媚，无数金色的花儿如波浪一般，随着水面的波动而微微起伏。黑水鸡、小鸊鷉（pì tī）等水鸟在花的旁边游动，红蜻、大团扇春蜓等蜻蜓在上空飞行……我在湖边站了很久，静静地感受这份美丽。我仿佛能感受到，源自《诗经》的古典之美、自然之美，跨越了两三千年的时空，围绕在我身边。

如果说荇菜比较容易观察到的话，那么在东钱湖里还有两种同为荇菜属的"水上花"，恐怕就不那么容易被大家发现了，因为它们特别稀有。这两种花，就大小而言，可以说是"迷你荇菜"：其一，名字就叫"小荇菜"；其二，名叫"金银莲花"。小荇菜与金银莲花的叶子形状跟荇菜的差不多，接近卵形或心形；两者的花均为白色，外观非常相似，稍不留神就会搞混。区别在于，金银莲花的花冠上有很多柔毛，呈细小的流苏状；而小荇菜的花冠上"毛"相对较少，而且呈较硬的睫毛状。总之，金银莲花的花比小荇菜花看上去更加显得"毛茸茸"。

在宁波，小荇菜与金银莲花的花期，跟水车前类似，都是在夏末秋初。别看这两种"水上花"不起眼，她们可都是宁波的珍稀植物。在《宁波珍稀植物》这本专著上，就专门记载了这两种植物。关于小荇菜，书中说："该种为近年发现

◆ 两只黑水鸡在盛开的荇菜旁觅食

◆ 小荇菜

的浙江分布新记录，宁波为浙江第二个分布点，数量稀少。其岛屿状分布格局对植物区系的研究有学术价值。植株小巧清秀，可供水体美化。"小荇菜在宁波境内仅在极个别地方有分布记录，而我有幸曾在2014年9月6日，在东钱湖环湖东路的湖边拍到过小荇菜，不过后来没有再见到过。

而关于金银莲花，在《宁波珍稀植物》中有如下记载："该种在浙江野外极为稀见，宁波也仅有一个分布点，数量稀少。植株清雅，碧叶心形，白花点点，形态颇为可爱，是水体美化的优良材料。"金银莲花在宁波境内仅有一个分布点，书中说的正是东钱湖。

2018年9月中旬，本地花友"紫叶"在马山湿地的湖畔偶然拍到了金银莲花，可惜我闻讯后于次日即前往寻找，却无缘相见。这个遗憾，直到2022年8月31日才得到弥补。那天，我到东钱湖边拍蜻蜓，在沿湖行走的时候，无意中发现，眼前有一块水草繁茂的水域，而其中央居然全是盛开的金银莲花！

介绍完了这些美丽精致、很有"仙气"的"水上花"，我还想说，她们的"仙气"来自哪儿？来自原生态良好的水体！保护好水环境，就是保护好这些"小仙女"。

注：在我的《东钱湖自然笔记》一书中，有一篇同名文章，本文就是依据前文修改而成。最大的不同是，写本文时我自己已经拍到了金银莲花，弥补了当年的一个遗憾。

◆ 金银莲花

换锦花

　　石蒜，作为一类著名的观赏性野花，可以说是非常独特的存在。其本名"石蒜"倒是蛮实在的：顾名思义就是喜欢长在石堆或石壁环境中的"蒜"，因为它们具有像大蒜头一样的地下鳞茎，以及很像大蒜的叶子。不过，石蒜的别名可就太多了，什么彼岸花、曼殊沙华（有时写作"曼珠沙华"）、龙爪花、蟑螂花等，可谓奇奇怪怪，什么都有。

　　这些别名中，"彼岸花"是最有名的。石蒜，因有叶时无花，开花时无叶，花与叶永不相见，故有"彼岸花"之称。据《宁波植物图鉴》记载，目前在宁波境内记录到的石蒜科石蒜属植物共9种，分别是石蒜、中国石蒜、江苏石蒜、稻草石蒜、玫瑰石蒜、红蓝石蒜、乳白石蒜、短蕊石蒜和换锦花。大家注意到没有，这9个名字中，其他的都叫某石蒜，唯独有一种不叫石蒜，而是叫换锦花。这真的是一个很有趣的现象。巧的是，换锦花也正是我最喜欢的一种石蒜。这里，我就重点讲讲换锦花的故事，然后顺带简单介绍一下其他几种石蒜。

花开似锦多变幻

宁波本地原生的石蒜中，花色通常比较单纯，或深红，或鲜黄，或纯白，或淡黄；而换锦花却与众不同，其花被裂片（花被是花萼和花冠的总称，在这里我们不妨把花被裂片简单理解为花瓣，因此下文就使用花瓣一词）多为淡紫红色，具体则深浅不同，多有渐变；最有特色的，则是其顶端带有淡淡的蓝色，显得神秘而优雅，十分好看。这大概就是"换锦花"这个名字的来源吧。

清代学者李调元《南越笔记》卷十五中专门有"换锦花"的记述，且常被现代人引用，其全文如下："换锦者，脱红换锦，脱绿换锦也。叶似水仙，冬生，至夏而落，独抽一茎二尺许，作十余花。花比鹿葱而大，或红或绿。叶落而花，故曰'脱红脱绿'；花落而叶，故曰'换锦'，花与叶两不相见也。"

小山老师在关于换锦花的文章中也引用了这一条，并指出了其中的两个不妥之处：一，换锦花的花序上一般开4—7朵花，不会有十几朵；二，未闻有绿色的换锦花。除此之外，我还有费解之处。李调元说："叶落而花，故曰'脱红脱绿'；花落而叶，故曰'换锦'。"既然前文说换锦花的花朵"或红或绿"，那么"花落而叶"时叫"脱红脱绿"（脱，脱却也）才是合适的；而"叶落而花"时，则叫"换锦"，即换上锦绣颜色也。

好了，说远了，可能我太书呆子气了，有点死抠字眼，反正大家明白意思就行。且说，我第一次听说换锦花，是在2014年8月底，那时候我刚开始关注本地野花。印象很深，当时一见到这种花的照片，立即被迷住了。随即打听到，在宁波陆地的"东极"，即北仑穿山半岛的长坑村（已拆迁）的海边有正在开花的换锦花。于是，我驱车约一个半小时，来到长坑村，果然在山路边以及岩壁上看到很多盛开的换锦花，其雄蕊与花瓣接近等长，与常见石蒜不同；其花粉紫，花瓣顶端泛着蓝色，艳而不俗。我觉得，这是宁波颜值最高的野花之一，而不仅仅是最美的石蒜科野花。

换锦花在宁波沿海地带分布较多，在内陆的丹霞地貌有时也可见到，其花期在8—9月，不同地方的花期差异可能较大。其中，最方便去观赏的一个地方就是鄞州区姜山镇的狮山公园，那里属于丹霞地貌。每年8月上中旬，在狮山公园的山坡上，可见到大片开花的换锦花。特别是幽暗的树林中，她们那独特的紫红与幽蓝显得特别迷人。不知道的人，还以为这些花是人工种植的呢。我看到，个别人还会随意折花。这里提一下，石蒜是有毒植物，因此无论从文明角度讲，还是从健康角度讲，都不要去摘花。

◆ 换锦花，摄于鄞州区姜山镇狮山公园

◆ 换锦花，摄于北仑区海边

宁波的缤纷石蒜

对宁波的石蒜属植物，林海伦老师曾持续多年开展专项调查研究。他说，自己采用的是一种"十分简单的笨办法"。具体而言，"就是在冬季和春季找到其植株的分布地点，然后在7—9月的开花季逐个进行跟踪访问。因为在冬春季要找到石蒜非常容易，其他杂草多数已枯萎，石蒜却生长茂盛，一目了然。当然，要把握其确切的花期就不那么简单了，那就只好隔三岔五地去碰运气"。就这样，林老师找齐了宁波的各种石蒜。迄今为止，我只拍到过宁波9种石蒜中的6种，尚有玫瑰石蒜、乳白石蒜和短蕊石蒜没见过。下面，结合我自己的观察所得与林老师的记录，以及《宁波植物图鉴》的描述，简单介绍一下除换锦花外的其他8种石蒜。

石蒜，俗称红花石蒜。花鲜红色，花瓣强烈反卷，边缘皱缩；雄蕊、雌蕊均远远伸出花瓣之外。这是宁波最常见的石蒜，在田野沟渠边、山坡阴湿处、山地路边等环境中均可能看到，花期相对较晚，主要在9月。在东钱湖附近，以及海曙区龙观乡的一些田野里，每年9月中下旬，当那里的石蒜进入盛花期的时候，可以形成小型花海，相当壮观。

中国石蒜，相对常见，多生于山区溪流边，花期在7月下旬到8月。中国石蒜花色金黄，十分显眼，老远即可看到。走近观察，会看到其花瓣的边缘呈皱缩状，并且在前端反卷；雄蕊与花瓣接近等长或略伸出花瓣之外，花丝黄色。

◆ 石蒜

◆ 中国石蒜与碧凤蝶

江苏石蒜，其花期、生境均跟中国石蒜类似，但不常见。犹记得，有一年8月初，在龙观乡山区溪流旁的竹林里，我看到一种开白花的石蒜。当时心里一阵怦怦跳，暗想：莫非今天撞了大运，见到传说中的珍稀的乳白石蒜了？走近仔细观察，见其花色纯白，不像以前拍过的稻草石蒜那样白中偏黄，亦无其他颜色的条纹；其花丝很长，伸出花朵之外，每一枚雄蕊的顶端举着黄色的花药，十分显著。我当时不能确认这到底是哪一种石蒜，回家查阅林海伦的文章后方知，这种石蒜名为江苏石蒜，而非乳白石蒜——两者的花区别其实很明显，前者花瓣接近纯白，而后者的花朵背面可见显著的红色中脉。

稻草石蒜，又名麦秆黄石蒜，不常见。其花朵浅黄，花瓣呈现强烈反卷和褶皱，雄蕊明显长于花瓣。稻草石蒜多生于沟谷阴湿处、山坡疏林下，在宁海的部分溪流边相对多见，花期在8—9月。

红蓝石蒜，这是换锦花与石蒜的天然杂交种，罕见，花期在8—9月。其花色、花瓣宽度、边缘皱缩及前端反卷程度均介于石蒜与换锦花之间。同时，跟换锦花一样，其花瓣的前端有蓝色斑纹。

玫瑰石蒜，罕见，花期在8—9月。花瓣玫瑰红色，略带紫色，看上去比较浓艳，雄蕊亦明显长于花瓣。另外，林海伦老师指出，玫瑰石蒜的花葶为棕色，是本种的一个重要特征。

短蕊石蒜，又名黄白石蒜，非常罕见，花期在8—9月。花朵开放时花瓣乳黄色，后渐变为乳白色，无粉红色条纹。

◆ 江苏石蒜

◆ 稻草石蒜

◆ 红蓝石蒜，其背后就是换锦花

研究表明，短蕊石蒜是中国石蒜和换锦花的天然杂交后代。

乳白石蒜，也非常罕见，花期8—9月，花瓣乳白色，具粉红色条纹。

本来，我是把本文的标题取为《缤纷石蒜》的，后来才改为《换锦花》。这不仅仅是因为这里重点介绍了换锦花；同时，也是因为我觉得，好多种石蒜可以天然杂交，且形成本身可育的后代，从而造就了多样的花色——就好像是老天爷在不断为这类植物更换锦绣之色一样，谁也不知道以后还会再出现什么颜色的石蒜。

夏秋「清奇」野花（上）

　　"清奇"两字，常被用来形容一个人的形貌或诗文风格，大意是"清秀不俗、清新奇特"，有时也可用来形容景物。不过，我想在这里借用来形容某些野花，这些花虽然不张扬，有的甚至毫不显眼，但若俯身细赏，也能深深感受到它们或清丽，或奇特，或两者兼而有之的美。夏秋两季，尽管没有百花争艳，但那些清奇之花，亦足以让我们眼前一亮，甚至乐而忘忧。

　　这里，重点为大家介绍宁波的桔（jié）梗科、野牡丹科、龙胆科的部分野花，兼及其他夏秋特色野花。

夏秋"小铃铛"

桔梗科的植物种类，在宁波并不多，不过这个科的野花颇有特色，好几种花的外形颇似风铃或小铃铛，花色则以蓝紫居多。

2014年8月中旬，我和妻子到宁海的茶山顶上寻找野花，无意间在灌丛中发现一种蓝紫色的小花，恰似一串风铃挂在绿色的草茎上。它们在风中轻摇，悄然无声，但依然能传递出一种美妙的旋律，令人陶醉。回家后查了查，马上确认是桔梗科沙参属的植物，具体是沙参还是华东杏叶沙参，我则不大有把握（因为当年没有拍仔细，光顾着拍花了，没有拍叶子特写）。不过从叶子的大致形状来看，我倾向于华东杏叶沙参。

2021年9月初，我在四明山清源溪边夜拍时，无意中看到山脚的细藤上挂着多个黄绿色的花苞，疑为尚未绽放的羊乳花朵。几天后特意去看，多数花苞已经开放，果然是羊乳！羊乳是桔梗科党参属植物，为多年生草质藤本，全株具乳白汁液。它的花冠如钟状，恰似一个个清丽的小铃铛，吊挂在攀缘于其他植物的藤茎上。我看到一只蜂钻入花中，其毛茸茸的背部原已沾有花粉，一进入花冠内部采蜜，这些花粉刚好接触到了正中央的雌蕊之柱头，替花儿完成了异花传粉的任务。

羊乳之花，颜色多样。我这次见到的花冠上那反卷的裂

◆ 华东杏叶沙参　　　　　　　　　◆ 羊乳

片颜色只是微红，内部亦为很浅的黄绿色；而多年前在奉化西坞山中所见的花朵，花冠的裂片呈紫红色，内部亦多紫斑。

　　桔梗科的野花，我还拍到过袋果草、桔梗、蓝花参和半边莲。作为这个科的"科长"，桔梗的花期较长，从夏季持续到深秋；其花朵为蓝紫色，较大，直径可达4—5厘米。桔梗的花不低垂，如果低垂的话，也是有点像铃铛的。袋果草（花期在春季）和蓝花参（花期主要在春季，有时也在深秋开

◆ 桔梗

◆ 蓝花参

◆ 半边莲

花)的小花，就像是迷你版的桔梗，尤其是蓝花参的小花，非常清丽可人。

而半边莲的花，其外形则一点都不像同科的亲戚。它的5枚花瓣全部位于花冠的一侧，另一边则啥也没有，故名"半边莲"。这是一种多年生的矮小草本，多生于潮湿草地，花形独特美丽，成片开放时颇有观赏性。其花期很长，从初夏到秋天均可见到。

奇特的"野牡丹"

野牡丹科的野花，宁波也只有3种，分别是地菍(niè)、秀丽野海棠和金锦香，我都见到过。这个科虽然名为"野牡丹"，但与牡丹并无关系，牡丹是属于芍药科的。

从7月下旬开始，地菍成片盛开了，其花期可以持续到8月中下旬。地菍为属于野牡丹科的半灌木，在长江以南广为分布，在宁波的山路边有时可见。地菍花叶俱美，虽然低矮如地被植物，但众多植株密集生长在一起，犹如一方绿色的地毯："地毯"的主要部分是呈卵形或椭圆形的绿叶，叶对生，摸上去柔软如纸；叶丛中盛开着粉紫的花朵，它们仿佛绣在毯上。蹲下来，仔细看，花的雄蕊十分奇特，有长有短，长的雄蕊前端弯曲且略膨胀，呈镰刀状。

8月间，地菍就开始结实，很快果子便熟了：小小的圆球形的浆果，刚开始是绿色的，随着成熟度的增加，慢慢变成红色、深紫色与黑色，有时不同颜色的果子长在一块儿，尤

◆ 地菍的花

◆ 地菍的果实

为好看。地菍熟透的果实可以鲜食，味道还行，一口咬下去，就像吃桑葚一般，唇齿间会染上紫黑的汁水。

　　地菍还算常见，相对而言，秀丽野海棠就难得一见。这种常绿小灌木分布在海拔 200 米以上的沟谷林下或路边草丛中。多年前的 8 月，我带女儿一起去奉化的山里，走一条不为常人所知的隐秘古道。这条古道离雪窦寺不远，下面就是很深的峡谷。那天，我拍到了一种陌生的野花，其花蕊的特征跟地菍十分相似，可以肯定是属于野牡丹科。就此请教过朋友，也翻过野花图鉴，但还是不敢确认具体的种是什么，感觉比较接近的是"肥肉草"——没错，这也是一种野牡丹科植物的名字，真的是奇奇怪怪。但一查，肥肉草在宁波是没有分布的。后来专门请教了林海伦老师，方知是秀丽野海棠。

◆ 秀丽野海棠

◆ 金锦香

至于金锦香，早在 2014 年 11 月，我就在奉化溪口镇西部的山区拍到过。记得那次是跟着邬坤乾老师去那里拍龙胆的花，刚好在同一个地方见到了金锦香。这是一种直立的草本或半灌木，花淡紫红色，跟地菍的花色近似。那时我并不知道野牡丹科这一类植物，现在回过头来看，就发现金锦香花蕊的特征和地菍、秀丽野海棠的是相似的。

不常见的龙胆

据《宁波植物图鉴》记载，本地的野生龙胆科植物也比较少，且多数不常见，有好几种目前只在极个别地方有记录。具体分 5 个属，即百金花属（有百金花、日本百金花 2 种）、龙胆属（有龙胆、灰绿龙胆、笔龙胆 3 种）、荇菜属（有荇菜、小荇菜、龙潭荇菜、金银莲花 4 种，除荇菜外，其余 4 种都很罕见）、獐牙菜属（有獐牙菜、美丽獐牙菜、浙江獐牙菜 3 种）、双蝴蝶属（有华双蝴蝶、细茎双蝴蝶 2 种）。关于本地荇菜属野花的介绍，已见《水上花》一文，故不再重复，这里再简单介绍一下我见过的龙胆、獐牙菜与华双蝴蝶。

在中国的高原上，有很多种龙胆科野花，它们的花朵主要是蓝色的，尽管具体有各种各样的蓝，但也不妨统一称之为"高原蓝"——这是最接近天空的蓝色。多年前，我见到宁波本地龙胆的花的照片，立即被它的蓝色所迷住了。2014年秋天，邬坤乾老师打听到在溪口以西的山区有龙胆正在开花，就约我一起去拍。龙胆为多年生的草本，茎直立，叶对生，蓝紫色的花近似钟形，单生或簇生于枝顶或叶腋。作为"科长"的龙胆的花算是大的，其花冠长度有 4 厘米多，而本地另两种我没有见到过的龙胆的花据描述都非常微小：灰绿龙胆为一年生矮小草本，花冠长度仅 1 厘米左右；笔龙胆为二年生草本，花冠长度也在 2.5 厘米以下。

本地的 3 种獐牙菜属野花，我倒是有幸见到过两种，即獐牙菜和浙江獐牙菜(也叫江浙獐牙菜)。2013 年 10 月，我和家人及朋友到奉化萧王庙街道的山里玩，在草地上拍到一种独特的小野花，后来才知道这是浙江獐牙菜。写本文时翻《宁波植物图鉴》，发现书上记载这种花在宁波"见于宁海"，并没有提及奉化。

2014 年国庆假期，我们一家三口去宁海的高山上玩，无意中见到了正开花的獐牙菜。花虽小，但很精致，其花冠的底色为白色，花瓣(此处，专业书籍对獐牙菜的描述叫"花冠裂片")5 枚，花瓣中央有一对淡黄绿色的眼状斑，前端则有不少黑色斑点。这属于不会认错的野花。

浙江獐牙菜与獐牙菜两者的花朵区别明显，前者的白色花冠上有紫色条纹，且有不少呈流苏状的细毛，故易于识别。

至于华双蝴蝶，这是一种多年生的草质缠绕藤本，生于山坡林下阴湿处，比较常见。早春，华双蝴蝶的叶子平贴于地面，两两对生，绿色有斑纹，呈莲座状，十分好认。之后，它的茎缠绕上升，秋季开花，花朵单生与簇生皆有，白色，有紫红色条纹；花形近似龙胆，但更显狭长。

◆ 龙胆

◆ 含苞待放的龙胆

◆ 浙江獐牙菜

◆ 獐牙菜

◆ 华双蝴蝶

◆ 华双蝴蝶的叶子

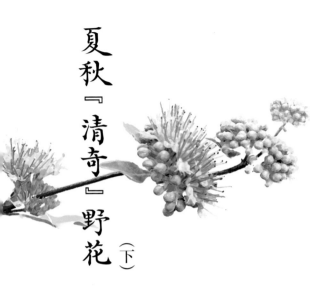

夏秋『清奇』野花（下）

　　上一篇介绍了宁波的桔梗科、野牡丹科、龙胆科的野花，接下来继续为大家介绍本地夏秋时节富有特色（也可以说是"个性"）的野花。由于这些花涉及好多个科，难以归类，故索性以条目的形式逐个进行简介，视具体情况，有长有短。

虎耳草（虎耳草科）

　　多年生草本，喜生于山地阴湿处、溪边石缝中，花期在4—8月。叶子近圆形，多斑纹；白色小花形状奇特，共有2长3短的5枚花瓣，短瓣上有紫红色斑点。虎耳草的花与叶皆值得一赏，故常用于园林假山的点缀。

◆ 虎耳草的花和叶都很有特色

◆ 虎耳草花形奇特

华东魔芋 (天南星科)

多年生草本，生于山地林下，花期在 5—6 月。说起魔芋，可能很多人听说过魔芋凉粉、魔芋果冻等食品，没错，这就是魔芋的块茎经特殊加工而成的食品（魔芋全株有毒，要慎用）。在宁波有分布的魔芋就是华东魔芋，也叫东亚魔芋。跟其他天南星科植物一样，华东魔芋的花一点都不像常规的花，远看倒像是一支系着装饰性丝巾的标枪（或烛台）——专门的名词叫作"佛焰苞"。这"标枪"的上部其实只是花的附着体，暗绿色，上面有丝状毛，近闻有腐臭味；其下部才是由很多小花组成的花序，被外挑呈漏斗状"丝巾"所包裹着。到了盛夏，果实成熟，看上去像是一根或红或蓝的彩色玉米棒。

山姜 (姜科)

多年生草本，喜生于林下阴湿地、山谷溪畔，花期在 5—6 月。山姜的叶子又长又大，花序长达 15—30 厘米，数十朵红白两色的小花聚生于花轴上，非常艳丽。

◆ 华东魔芋

◆ 华东魔芋

◆ 山姜

鸭跖（zhí）草（兼及饭包草、杜若，均为鸭跖草科）

鸭跖草科的野花在宁波我拍到过 3 种，前两种很常见，即鸭跖草与饭包草；后一种相对少见，即杜若。鸭跖草为鸭跖草科的一年生草本，花期很长，从 6 月到 11 月均可见到，夏末秋初为盛花期。它的叶子像是竹叶，花形十分独特：上方有两枚天蓝色的花瓣，下面还有一枚半透明的小花瓣，还拥有奇特的"异型雄蕊"（关于鸭跖草，详见《从夏天无到油点草：野花的智慧》一文）。

饭包草，多年生草本，花期在 8—10 月。它的花像是鸭跖草花的缩小版，花朵上方有两枚近圆形的蓝色花瓣，下面还有一枚近乎透明的小花瓣也微微染上蓝色。

杜若，为多年生草本，花期在 8—9 月。叶子很大，有点像山姜的叶；花非常小，花瓣晶莹剔透，颇有仙气。杜若这个名字很美。大诗人屈原的《九歌·山鬼》中有诗句曰："山中人兮芳杜若，饮石泉兮荫松柏。"大意是说，山中的人儿啊芳洁如杜若，渴饮山泉啊以松柏来遮阴。诗中说的杜若，是某种香草。

◆ 鸭跖草

◆ 饭包草

◆ 杜若

紫萼蝴蝶草（玄参科）

一年生草本，山路边常见，花期在7—10月。叶对生，白色小花如张开的嘴，"嘴"两侧具有明显的紫斑，仿佛淘气女孩的脸颊上抹着特别的胭脂，有种独特的乡野之美。2023年5月底，我在宁波街头偶尔发现一种大量栽种的小花，其外形特征非常像紫萼蝴蝶草，只不过紫斑范围更大。后来一查，其名字居然叫"蓝猪耳"，也是属于玄参科蝴蝶草属的植物，原产于越南，国内不少地方有栽培。

牯岭凤仙花（凤仙花科）

宁波栽种的凤仙花常可见到，民间常用其红色花朵的汁液来染指甲。不过，本地真正野生的凤仙花只有一种，即牯岭凤仙花，其花期很长，从7月直到10月均可见其开花。牯岭凤仙花为一年生草本，常在溪边或阴湿处长成大丛，鲜黄的花朵如奇特的小喇叭，内外皆有红色条纹，花朵尾部的距呈弯钩状。

少花马蓝（爵床科）

多年生草本，宁波大部分地方的山区均可见到，花期在8—10月。叶对生，紫色的花冠呈漏斗状，下部狭细，有点像播放老唱片的喇叭。

◆ 紫萼蝴蝶草

◆ 牯岭凤仙花

◆ 少花马蓝

野菰（列当科）

宁波的列当科植物仅野菰一种，紫红色的花朵稍稍低垂，外形很像一根精巧的小烟斗。野菰为一年生寄生草本，在本地常寄生在五节芒的根部。植株本身不进行光合作用，没有叶绿体，故不见绿叶。书上说其花期在4—8月，而我多在8—9月间见到野菰的花。

金荞麦（蓼科）

多年生草本，著名的中药材，为国家二级重点保护野生植物。在宁波各地山区均有分布，多生于低海拔的山坡荒地、沟谷水边，花期在9—11月。小花洁白美丽，排列成伞房状花序，与本地常见的其他蓼科植物的花颇有不同。

飞蛾藤（旋花科）

多年生缠绕草本，在山区很常见，花期在8—9月。说来好笑，有一年秋天，我第一次见到飞蛾藤那形如微小吊钟的紫红色果实，居然误以为是花。其实它的花是白色的，呈漏斗状，很清丽，常密集开放，远看洁白如雪。

◆ 野菰

◆ 金荞麦

◆ 飞蛾藤（花）

◆ 飞蛾藤（果）

乌头（毛茛科）

多年生草本，在宁波各地山区均可见，花期在9—10月。乌头在民间颇有知名度，因为这是一种著名药材，同时也是有毒植物，其蓝紫色的花朵簇生在一起，外形非常奇特，像是古代武士的头盔，有较高的观赏价值。

兰香草（马鞭草科）

别名山薄荷（其实和唇形科的薄荷并没有啥关系，只是花形有点相似），多年生的半灌木，生于较干燥的岩石上或草坡中，花期在8—11月。蓝紫色的花很小，密集开放，雄蕊与花柱皆明显伸出花冠之外。《浙江野花300种精选图谱》称兰香草"花色悦目，极富野趣，可用于岩面美化"。确实，像兰香草这样能生于干燥的岩石上且独特美丽的植物并不多。

紫花香薷（唇形科）

一年生草本，在宁波各地山区均可见，花期在9—11月。紫红色的小花密集地生于同一侧，看上去像极了牙刷，故被称为"牙刷花"。在深秋，有时会见到大丛盛开的紫花香薷，花朵在阳光下显得非常明快亮丽，观赏性强。

◆ 乌头

◆ 兰香草

◆ 紫花香薷

斑叶兰 (兰科)

多年生草本，在宁波多见于海拔 400 米以上的沟谷林下，花期在 9—10 月。斑叶兰的叶子贴近地面，碧绿的叶子上布满网格状的斑纹；花葶直立，长可达 20 多厘米，花葶上一串洁白的小花像极了振翅欲飞的千纸鹤。

绿花斑叶兰 (兰科)

多年生草本，在宁波比较罕见，花期在 9—10 月。有趣的是，在宁波见到的绿花斑叶兰有点名不副实，因为它的叶子上面并没有明显斑纹，花朵也不是绿色的，而是以棕色为主。绿花斑叶兰的植株非常微小，花葶长度只有 10 厘米左右，长在林下毫不起眼，一般人根本不会注意到。但实际上，它的小花也很精致，就像系着棕色头巾的俏丽村姑。

金线兰 (兰科)

多年生草本，这是林海伦老师发现的宁波兰科植物新分布记录，在宁波非常罕见，花期在 9—10 月。金线兰的叶子具金色网状叶脉，小花洁白，花形独特。

◆ 斑叶兰

◆ 斑叶兰

◆ 绿花斑叶兰

◆ 金线兰

◆ 金线兰

　　在文章的末尾，不妨讲一下当年拍摄金线兰的故事。犹记得，2015 年早秋，根据林老师的指点，我和妻子一起到象山的山中寻找金线兰。那天飘着小雨，我们走进密林，脚下是松软的落叶层，寻寻觅觅，终于在幽暗的树林下找到了盛开的金线兰。其植株是如此微小，如果不是特别留意，肯定会把它们当作普通的杂草忽略过去了。

　　地面上，有两株高约 10 厘米的金线兰并排长在一块儿，总共开了 12 朵白色小花。尽管树林内阴暗潮湿，我还是毫不犹豫地趴了下来，仔细地观赏、拍摄金线兰。此时，镜头与花朵基本齐平。通过这样的平视角度，我所看到的，不再是脚下的野草，而是在幽暗的森林底部微微闪烁的小星星。

　　我给妻子看了照片，她大吃一惊，说："天哪，原来它这么美！"

野菊发而幽香

金秋十月，秋风送爽，北雁南飞，野菊盛开。中国古代诗人对于春花秋月的时令变化是最敏感的，为此留下了大量传诵不衰的著名诗篇。

在这美好的季节里，先熟读一些跟秋季物候相关的古诗，然后选一个晴好的日子，带上相机、望远镜，去山野、海边走走，去看看诗中咏唱过的鸟啊、花啊、蝶啊等动植物，该是多么有趣而风雅的一件事啊！别的暂时不说，且先让我们吟着跟菊有关的古诗，去郊野欣赏野菊花吧。

秋菊"摇曳"古诗里

古往今来，咏菊的诗篇实在数不胜数。如：

采菊东篱下，悠然见南山。（晋·陶渊明《饮酒·其五》）

待到重阳日，还来就菊花。（唐·孟浩然《过故人庄》）

节物岂不好，秋怀何黯然！西风酒旗市，细雨菊花天。（宋·欧阳修《秋怀》）

以上说的基本是属于人工栽培的菊花。其实古人咏野菊花的诗也很多，如：

晚艳出荒篱，冷香著秋水。忆向山中见，伴蛩石壁里。（唐·王建《野菊》）

二九即重阳，天清野菊黄。近来逢此日，多是在他乡。晚色霞千片，秋声雁一行。不能高处望，恐断老人肠。（唐·令狐楚《九日言怀》）

野菊未尝种，秋花何处来。羞随众草没，故犯早霜开。寒蝶舞不去，夜蛩吟更哀。幽人自移席，小摘泛清杯。（宋·司马光《野菊》）

霜风渐欲作重阳，熠熠溪边野菊香。（宋·苏轼《捕蝗至浮云岭山行疲苶有怀子由弟二首·其二》）

这些诗句所用的字眼，鲜明呈现了与秋日野菊相关的物候特征，如冷香、早霜、天清、菊黄、寒蝶、夜蛩（qióng）、雁一行等。这里解读一下宋代诗人杨万里的《野菊》，原诗如下：

未与骚人当糗粮，况随流俗作重阳。政缘在野有幽

◆ 野菊

色，肯为无人减妙香。已晚相逢半山碧，便忙也折一枝黄。花应冷笑东篱族，犹向陶翁觅宠光。

糗（qiǔ）粮，即干粮。第一句典出屈原《离骚》的"夕餐秋菊之落英"句。故首联的大意是说，野菊花连被文人骚客赏识（即所谓"当糗粮"）都不情愿，又怎么会在重阳时取媚于俗人呢？政，通"正"。第二联说，正因为在山野中有幽色，不管有人没人，一样散发清香。三、四联，诗人称自己再忙也要折一枝黄色的野菊来欣赏，还说野菊花连陶渊明的赏识都不在意，因此可以嘲笑那些栽培的菊花（东篱族）。

这首诗赋予野菊以非常清高的气质。恍惚中，我觉得自己读的不是咏秋菊的诗，而是咏春兰的诗，恰如北宋诗僧惠洪的《早春》句："好在幽兰径，无人亦自芳。"

山中"踏秋"赏野菊

在宁波野外可见的菊科植物有很多，仅我所见，就有 20 多种，其花期主要在秋季，春夏尤其是冬季较少。早春三月，蒲公英金色的花朵率先给萧瑟的大地增添了不少春意，而由仲春至初夏，蒲儿根、一年蓬、泥胡菜、大蓟等菊科野花也开得热闹起来。马兰也是一种菊科植物，初春时采其嫩叶用以凉拌香干，是宁波人很爱吃的小菜。而马兰的花期很长，可以从春末延伸到秋天。

宁波几乎每年秋天都有菊展，但我们也可以走出城市去野外赏菊，因为，在这个时节的山中，菊科植物的花朵也竞相绽放，它们虽然称不上有多艳丽，但别有一番野性之美。

天高气爽的秋日，到宁波的山中走走，沿路所见野花，几乎是野生菊科植物的天下：三脉紫菀（wǎn）、陀螺紫菀、翅果菊、一点红、野茼蒿、毛梗豨莶（xī xiān）、一年蓬、泽兰、藿香蓟、苣荬菜、野菊（这里的"野菊"，正是这种植物的正式中文名，而非泛指的野菊花）、甘菊、一枝黄花（这是本土植物，而非外来物种"加拿大一枝黄花"）、黄瓜假还阳参、大吴风草、千里光、蹄叶橐（tuó）吾、风毛菊……随便一数就有近 20 种。

◆ 马兰

◆ 翅果菊

◆ 甘菊

◆ 一枝黄花

◆ 黄瓜假还阳参

◆ 蹄叶橐吾

◆ 风毛菊

接下来，择要介绍几种常见的野生菊科植物。

本地最早开花且又最常见的野生秋菊，恐怕非三脉紫菀莫属，几乎在任何一条山路边都可以看到很多。通常，从9月中下旬开始，它们就开始成批开放，而到了10月，更是进入了盛花期。可能有人会好奇，为什么它叫"三脉紫菀"？那就先来解释一下这个名字："三脉"的"脉"是指叶脉，本种的辨识特征是具有"离基三出脉"，即在离开叶片的基部一点距离后才在主脉两侧生出一对明显侧脉；而"紫菀"是菊科的一个属，即菊科紫菀属。这种解释虽说难免枯燥，但对于有心认识野花的人来说，还是有用的。

很多菊科野花是舌状花与管状花相结合的，三脉紫菀的花朵的中间是管状花，有的是黄色，有的偏紫红；而周边的舌状花绝大多数呈白色或白中带很浅的紫色。因此，我们通常觉得它们的小花是白色的。不过，也有的三脉紫菀开粉色花，显得比较娇艳。

相对于随处可见的三脉紫菀，陀螺紫菀要略少见一些。那么该如何区分这两种长得比较相似的野花呢？首先，最直观的，是看花朵的大小，三脉紫菀的花的直径只有一角钱硬币大小，而陀螺紫菀的花比一元钱硬币还大；其次，从花色来看，陀螺紫菀的管状花的颜色跟三脉紫菀差不多，通常为黄色或红褐色，而舌状花较少为纯白色，以紫色成分偏多；再次，看花朵所生的位置，三脉紫菀的花一丛丛开于植株的顶部，而陀螺紫菀的花生于叶腋，沿着枝条一路开下来，宛然一条缀满了花儿的柔鞭；最后，还有一点，那就是陀螺紫

◆ 三脉紫菀

◆ 陀螺紫菀

菀的"花序梗"(花跟茎相连的部分)十分有特色，其上有呈覆瓦状排列的总苞片，好似爬行动物身上的鳞片。

一点红、野茼蒿也是很常见的菊科植物，它们长得也有点相似。一点红的花非常小，淡紫色，星星点点散布在路边，粗看上去，很像是若干红点在风中轻轻晃动，因此"一点红"这个名字可谓名副其实。但通过微距镜头，我看到了一点红的小花也拥有非常精致的结构，令人叹为观止。一点红的花是朝上的，而野茼蒿的花通常是向下开的，如低头状。当然，两者的叶形等特征也不同。到了果期，它们都跟蒲公英一样，细小的种子自带"降落伞"，微风一吹，就脱离植株，飘然而去。

千里光也很常见。这是多年生攀缘草本，开花时节，有时老远就可在路边灌木丛中看到金闪闪如瀑布一般的无数小花——这个特征不知跟"千里光"这个名字有无关系。又或许，这个名字是跟其药效有关。千里光是比较常用的中草药，可以全草入药，具有清热明目之功效。

宁波的各种野菊花，有明显香味的不多，但野菊除外。金色的野菊有一种特殊的清香，类似于某些中药材的味道，微微一嗅，令人神清气爽。深秋时到四明山里玩，有时可以见到山里人在卖晒干了的野菊，说可以泡茶喝。当然，我们不提倡随意采摘野花哦！

◆ 一点红

◆ 野茼蒿

◆ 野茼蒿的种子即将随风飘走

◆ 千里光

◆ 野菊

从野花到家花

相对而言，花叶俱美的大吴风草并不是很常见。它们在野外主要分布在离海滨较近的区域，有时可在海岸线附近看到一大片，同时在离海较近的山里也不难看到。

犹记得，2014 年 10 月底，我带女儿到天童附近的山里玩，路过一个小山塘，忽见山路边开着一丛金黄的花。其花葶粗而长，略具弧度，顶端是艳丽的花朵，整体造型颇为婀娜。从花形来看，那明摆着是菊科的花朵。不过低头一看，却有点糊涂了：它的叶子贴近地面，硕大而圆，近乎荷叶，这哪像普通的菊科植物的叶子？回家翻植物图鉴，方知那是大吴风草。

从此，大吴风草给我留下了很深的印象。此后两三年，我忽然注意到，原来大吴风草在宁波街头也有广泛种植。我曾在环城西路沿线绿地、西塘河公园以及不少高架桥下，均见到了大片盛开的大吴风草。看来，这种野花如今早已从山野进入城市，在公园绿地中得到广泛运用。而且我发觉城市里栽培的大吴风草的花期明显比在野外长，甚至在 12 月底还有少数开花的。

深秋绽放的花儿已然不多，因此连片的大吴风草颇受蝴蝶的青睐。不由得想起李白《长干行》中的几句诗："门前迟行迹，一一生绿苔。苔深不能扫，落叶秋风早。八月蝴蝶黄，双飞西园草。感此伤妾心，坐愁红颜老。"诗中所谓的"八月"，按照现在通行的公历，基本在九十月份。有一年深秋，

◆ 大吴风草

◆ 大吴风草上的黄钩蛱蝶

在天气晴好的日子里，我在市区绿地中的大吴风草花丛中，起码看到了七八种蝴蝶在翩翩起舞，如斐豹蛱蝶、东亚豆粉蝶、菜粉蝶、红灰蝶等，挺符合诗中的描述。

最后顺便说一下关于野生植物鉴别的事。2018年11月底，我去东钱湖洋山村附近的一条山路走走。时值秋末，三脉紫菀、陀螺紫菀、泽兰等的花期基本已过，因此没看到几种正在盛开的野花。中午时分，我准备原路退出转到大嵩岭古道去看看，忽然看见溪边有很多黄色的"野菊"。

这些"野菊"明显比我以前在四明山里见到的要小，其直径不到2厘米，而原先在四明山里常见的野菊直径通常有3—4厘米。如果按照《浙江野花300种精选图谱》的描述，这应该是甘菊(书上说，甘菊的花的直径为1—2厘米)，而不是花的直径通常为2.5—4厘米的野菊。但我看过几篇关于甘菊与野菊鉴别的文章，却是越看越糊涂，觉得很难分清楚这两种高度相似的菊科植物，有不少资深植物爱好者也撰文称没有百分百的把握能在野外准确区分它们，甚至戏称看到类似的，难以准确定名的菊科植物，就"直接一脚踩死"。

我也常为野生动植物的准确鉴别问题发愁，总觉得自己所知太少；但后来安慰自己说，既然暂时无力区分，不如顺其自然。或许，物种分类之复杂，这也是大自然本身的无限丰富性与多样性所决定的吧，人类的分类法在很多时候是很无力的。尤其是对像我们这样普通的自然爱好者来说，有时候"不求甚解"，而更多地去专注于欣赏自然之美，恐怕是更好的选择。

◆ 泽兰

踏雪寻访『雪里开』

　　2022年2月，宁波大多数日子都"泡"在雨水里，阴雨天气持续时间之长、降水量之大，据说已经创下了本地有气象记录以来的历史之最，以致有人开玩笑说：这算不算"冬梅（冬季的梅雨）"？尽管平原地区飘雪很少，但宁波海拔较高的山区，却三天两头大雪纷飞，有的地方积雪深度甚至超过20厘米。

　　由于严重缺乏日照，很多早春野花的花期都推迟了。不过，令人惊讶的是，仍有极少数的野花依旧在风雪中傲然绽放。其中，就包括别名为"雪里开"的单叶铁线莲，我格外喜爱的野花之一。

与众不同的"单叶铁"

在讲述寻访单叶铁线莲的故事之前,先简单介绍一下铁线莲这种植物。说起铁线莲,恐怕很多人(特别是喜欢种花的朋友)不会感觉陌生,因为毛茛科铁线莲属的花卉享有"藤本花卉皇后"之美誉,在全世界园艺界都非常有名。据《中国国家地理》杂志介绍,铁线莲在欧美已经风行了150多年,如果追溯西方园艺师对铁线莲的培育史,会发现其野外祖先有很大部分来自东亚。在中国,野生的铁线莲有近150种,多数的花期是在春夏秋三季。

宁波境内的铁线莲属植物野生种类有十几种,它们多数开白色的花。在宁波,我拍到过多种铁线莲属植物,它们中比较有代表性的是3种,分别是毛叶铁线莲、女萎和单叶铁线莲。这3种铁线莲的花完全不同,花期也不重叠。毛叶铁线莲是浙江特有的珍稀植物,是真正的"野生铁线莲中的皇后",盛花期在6月,蓝紫色的花朵硕大且美丽,直径可达十几厘米,这么大的野花在宁波是比较少见的(详见《为卿忽发少年狂》一文)。相比之下,女萎的花就很不起眼了,其盛花期在夏末,白色的小花直径不到2厘米,花虽开得密集,但由于无甚鲜明特征,故并不引人注目,在夏秋之际的众多野花之中可谓"泯然众人矣"。

而单叶铁线莲,无论从哪个方面看,都属于铁线莲中的"奇葩"。首先,前面说了,铁线莲属植物的花期通常是在春

◆ 单叶铁线莲

夏秋三季，而单叶铁线莲却比较"清高"，不愿与众芳争艳。据多年观察，其在宁波的花期跟梅花的差不多，乃是在1月下旬至2月（也就是在"大寒"节气之后），可以说正是本地最寒冷的隆冬时节，故得俗名"雪里开"。俏也不争春，傲雪独自开——我想单叶铁线莲配得上这两句话。

其次，铁线莲属植物通常是复叶（指由两枚或两枚以上分离的小叶，共同着生在一个叶柄上）对生，而单叶铁线莲却是单叶对生，故名。此外，所谓"铁线莲"，顾名思义，就是指这类植物通常"茎如铁丝，花形近莲"；而单叶铁线莲的圆柱形的茎呈暗红色，确实很像生锈的铁丝，不过其花朵的形状却完全不像莲花，倒像是一个个小铃铛，或者说，像一串洁白的风铃。

溪沟寻访，两度"湿身"

由于在寒冬腊月里开花的植物很少（花朵颜值高的自然就更少了），因此单叶铁线莲成了花友们心中的冬季"明星野花"，并送其昵称为"单叶铁"。可惜，单叶铁线莲这种常绿藤本植物并不常见，而且只生长在原生态环境很好的山区溪流边，因此要一睹她的芳容可真不容易。

犹记得，我第一次听说单叶铁线莲这种植物，还是在2013年12月，是邬坤乾老师告诉我的。邬老师说，有一种中药材名为"雪里开"，其原生植物就是单叶铁线莲，在奉化就有，其花期在冬季，问我有没有兴趣去拍。于是，那年12

月底，邬老师带我来到奉化棠云的深山里，沿着一条幽深的小溪一直走，很多地方都没有路，只能小心翼翼踩着水上的石头过去，才找到那株单叶铁线莲。可惜，那天我们看到的还只是花苞，它们就像一个个绿色的小灯笼挂在藤蔓上。

后来又去了一次，还是未见花开。一直到 2014 年 1 月下旬再去，才惊喜地看到"单叶铁"终于盛开了。在这个地方，小溪形成了一个落差 2 米左右的微型瀑布，淙淙流水淌过棕红色的光滑大石头，倾泻而下。溪边都是光秃秃的小树，单叶铁线莲的细茎攀缘在树枝上，然后在小瀑布的上方垂下一串洁白的小铃铛。每个小铃铛的底下是 4 片微微向上反卷的白色"花瓣"（形似花瓣，其实是花的萼片），而小铃铛的顶部呈淡淡的紫红色，这配色非常清丽。走近闻一闻，顿觉一股清冽的花香沁人心脾，让人精神为之一振。不过，为了拍照取得一个好角度，我一不小心滑到了瀑布下面，好在除了弄湿衣服，人与器材都无恙。

狼狈归狼狈，反正从那时起，我就深深喜欢上了这种独特的野花。不过，那次初见后，居然一别八年，我才再次见到"单叶铁"。2022 年 1 月 21 日，我和林海伦老师到龙观乡参加一个活动，活动结束后，林老师带我走进五龙潭景区深处，去观察单叶铁线莲。可惜，那天见到的还都是花苞。春节后，我读一篇由小山老师编发、林海伦撰写的文章，方知林老师连大年初一那天都在龙观山里行走，并在南坑、铜坑等地见到了正在盛开的单叶铁线莲，而且有的植株的花朵有两三百朵之多，可谓十分壮观。

◆ 单叶铁线莲，单叶对生，花如铃铛

◆ 在深山溪流边绽放的单叶铁线莲

◆ 单叶铁线莲的花苞

2022年2月10日，我独自到龙观山区，沿着溪流，一路寻寻觅觅。一直走到了人迹罕至的最深处，终于见到了两株正在开花的"单叶铁"，但花量不大，只有几十朵花。可惜，它们都在溪流对岸。由于连日阴雨，溪水又大又急，我先在溪流对岸用长焦镜头拍了几张，但毕竟觉得不过瘾，于是小心翼翼准备蹚水过溪，谁知溪石太滑，我一脚踩入水深处，把右脚的高帮登山鞋弄得里外湿透，真的是冰冷彻骨。

"单叶铁"的御寒秘诀

两次拍花，都滑落水中，差点冻感冒，但"单叶铁"的魅力实在太大，我还想去野外欣赏、拍摄。2022年2月16日，我又到龙观山中寻访，不过这次出发前我向小山老师打听了林海伦老师发现的那个地点。到了那里一看，才知原来没有路，需要爬野山、涉溪水，才能进去。

幸好，那天我吸取了教训，脚上穿的是高帮雨靴。我背着沉重的器材，涉过溪水，钻入杂木林，先奋力往上攀爬，后来再慢慢下到另一条溪流边。那时已经热得快要出汗，放下摄影包正准备休息，忽然眼前一亮：潺潺的流水旁，不正是一串洁白、清丽的小风铃吗？

拍了一会儿，我放下相机，把一朵低垂的花扭过来，仔细观察花的内部。当手指碰到形如花瓣的白色萼片时，觉得它们柔软而厚实，就像厚厚的大衣包裹着娇嫩的花蕊。而这，才是"单叶铁"的第一层御寒装置；再看花蕊，发现不管

◆ 单叶铁线莲的花蕊被厚实的萼片与细密的柔毛所保护

是雄蕊还是雌蕊，都被细密的柔毛呵护着，形成了又一个保温层。

　　一周后，得知山里下雪了，我决定再次进山，来一次踏雪寻访"雪里开"。进山的路上，看到檫木盛开，金黄色的花上也覆盖着白雪，哈，这难道不也是一种"雪里开"吗？那天，总算拍到了以雪地为背景的"单叶铁"的照片。

　　那么，在这雨雪不断的日子里，谁来给单叶铁线莲传粉呢？

　　据林海伦老师的文章，他发现，花中有一种极为微细的昆虫，名为蓟马，其"直径只有 0.1 毫米，长度约 1.5 毫米，

◆ 在雪天盛开的檫木

◆ 单叶铁线莲吸引了同样耐寒的熊蜂过来访花

靠肉眼是无法看清的"。有趣的是，我的发现与林老师不同。2022 年 2 月我两次拍摄"单叶铁"，都看到了硕大的熊蜂在吸蜜，同时帮助花朵传粉。我共看到过 3 只熊蜂，一只十分灵巧，一转眼就飞走了；而另两只却冻僵了似的，长时间吊在花朵下一动不动。当时，我真以为那熊蜂是死了，后来在好奇心的驱使下，用独脚架轻轻碰了一下它，才确认它是活的，但它竟没有飞走，令人不解。

如果在较温暖的晴天去观察"单叶铁"，我想应该会看到更多的昆虫。自然的奥秘无穷无尽，这只能期待下次再去观察了。

金缕银缕迎春归

开始写这篇文章的时候，我的心情稍稍有点激动，甚至可以说有点复杂。这是 2023 年 2 月，已经处在"后疫情时代"；而在三年前的 2020 年 2 月，正是全球新冠肺炎疫情初起之时，我于当年春节后第一次上山看野花，所见到的，正是本文的主角：金缕梅。

那天，我独自站在四明山之巅，呼吸着冷冽的空气，欣赏着灿烂如金的花朵，真的是倍觉自由之可贵、自然之美好！如今，我们回归到跟之前一样的生活，真的非常令人高兴。四季轮回，大自然的脚步从不停止，又是一年的冬末春初，让我们再次出发看花去吧！

冰雪世界里的金缕梅

金缕梅，这种古老而美丽的植物，通常在1月下旬到2月初即已出现第一批花朵，抢先报给我们春天将临的消息。此时刚好处在大寒与立春节气之间，在长三角地区，还是北风凛冽的寒冬腊月。

2020年初，突然而来的新冠肺炎疫情让所有人措手不及。春节后的一段时间，小区封闭，不能自由自在到野外，这对我这样的自然爱好者来说，自然是十分痛苦的。到了2月中旬，随着国内疫情形势的日益趋稳，我终于有机会到山里去一趟了。

犹记得，那天是2月18日，正值寒潮过后不久，天气晴冷，我驱车出发前往四明山。一路上山，山中多檫木，老远便可见其繁花满树，一片鹅黄，煞是好看。檫木是一种高大乔木，总在每年春寒料峭、叶未萌生之时，黄花便已盛开。前几年，我也曾在雪花纷飞之时拍到过开花的檫木。

连续开了十几公里盘山公路，终于到了海拔600多米的高山上。甫推开车门，一股清凉的新鲜空气便扑面而来。啊，这无人山野的美好气息，多么沁人心脾！山坡上，残雪犹存，蹲下来轻轻一摸，方知这雪触感很硬，更像是冰。薄薄的冰雪，盖不住碧绿的春草。这种草的叶子很好看，圆如荷叶，多白色茸毛，有点像虎耳草。岩石下面悬挂着成排的冰凌，短者20多厘米，长者超过1米，晶莹剔透，实在美极了。

忽然望见，冰凌上方向阳的山坡上，金色的花儿缀满枝头，在逆光下熠熠生辉。一开始，我想当然地以为这也是檫木。走近了，见到山路另一侧也有很多这样的金黄色的花，心想檫木的花一般都开在高高的树冠上，这么近的还没有见过，应该给它拍个特写。当我拿镜头凑近时，才觉得异样：不对呀，檫木的花不是这样的！打个不那么妥当的比方，檫木的花，如蓬蓬乱发，"发丝"甚多；可眼前的花，常两三朵簇生于无叶的枝条上，每朵花皆有4片金色花瓣，状如扯碎之丝带。另外，眼前的植株显然属于灌木，而非檫木那样的乔木。忽然，脑海中灵光一闪：莫非这就是传说中的金缕梅？赶紧用手机拍了照片，再用"形色"App一识别，顿时又惊又喜，果然是金缕梅！

两三年前，我看到过报道，说宁波著名植物专家林海伦在宁海县的高山上发现了一处正在开花的金缕梅群落。记者还在文中幽默地说金缕梅是"恐龙赏过的花"。其意思是说，作为植物界的活化石，金缕梅距今已有6000万年以上的历史，曾跟恐龙共同生活在地球上。那天我拍到正处于盛花期的金缕梅后，第一个想到的人就是林海伦老师，于是马上打电话给他，告知这个花讯。林老师一听非常高兴，连声说："好，好，好！"两三天后，他也特意来到这里拍摄金缕梅。

说来有趣，2022年1月下旬，林老师又去这个地方观察金缕梅了。这回，是他先来报告：已有一株金缕梅花开满枝了！2月初，一场大雪过后，我也上山了。果然，山顶成了一个银装素裹的冰雪世界。那时正值春节假期，特意上山赏雪

◆ 冰雪中的金缕梅

2022 年 2 月 5 日，四明山高山上的冰雪世界

的市民络绎不绝。我的心中，暗暗替这些游客感到一丝遗憾：金缕梅美丽的花，正顶着白雪，在大家的头顶盛开呀，为何不抬头好好看看呢？

高山古村寻访银缕梅

现在，让我们再来看一种"恐龙赏过的花"，即银缕梅。金缕梅在宁波主要分布在高山上，已经是难得一见；而作为国家一级重点保护野生植物的银缕梅，则更稀有了。在宁波，银缕梅也分布在高山上，但其数量远远少于金缕梅。2017年4月初，我跟林海伦老师一起，到宁波奉化区溪口镇的高山上探访野花。在有幸第一次见到本地罕见的华顶杜鹃之后，继续往更高的山上走，在海拔800米左右的地方，林老师指着旁边凸起的小山峰说："走，我们上去看看。"当时我心想，这光秃秃的地方，会有什么好东西吗？好在不用走多少路，我们就已来到了顶上。

4月初，山脚下已然是一片姹紫嫣红，但高山上依然是一片枯黄、萧索的样子。得俯身仔细看，才会发现地上长出了很多植物的嫩苗，不起眼的堇菜在吹面犹寒的风中开出了微小的花朵，欣欣有生意。我们在山顶漫步，东张西望，林老师忽然对几株丛生在一起的小乔木产生了浓厚的兴趣。它们不过三四米高，树干比我的手臂粗不了多少，树干以浅绿色为底，有很多白斑（其实是树皮不规则剥落所致），就像是披着浅色的迷彩外衣。有的树还是光秃秃的，既没有花也没有叶，有的倒是已经长了很多绿色的新叶。对于我这样不懂植物的人来说，它们实在没有任何特别之处。然而，林老师很快宣布，这是非常珍稀的银缕梅！他开心地笑着，像一个在无意中发现了巨大宝藏的孩子。然后，他开始滔滔不绝地跟我说，银缕梅是多么古老、多么罕见，其生长环境是多么恶劣，习性又是多么独特，每隔3—4年才会迎来一次盛花期……

在宁波，银缕梅的花期通常在3月中下旬，但根据当年气候的不同，实际情形可能相差较大。2020年早春，我听说在余姚市四明山镇的高山古村上有一片古树群，其中就有银缕梅。于是，3月10日，我和妻子驱车开了很久的山路，慕名来到那个古村。宽阔的溪流穿过村庄，溪边全是高大的古树，有金钱松、银杏、枫香、香樟等，古树下开满了刻叶紫堇的紫色小花。

临水的地方，有两株高大的银缕梅，树龄均在200年以上，被当地政府作为古树名木保护，异常珍贵；另外还有几株较小的银缕梅，树上也都挂了保护标牌。抬头一看，树上没有叶子，倒是有不少奇怪的紫红色的花——说奇怪，是因为这种古老的植物居然还没有演化出花瓣，而只有花蕊！透

◆ 正开花的银缕梅

◆ 银缕梅的树干

◆ 银缕梅的花只有花蕊，没有花瓣

过 600 毫米的长焦镜头我才看清楚,肉眼所见的那一簇紫红色,乃是密集的雄蕊。更准确地说,是处在细长的花丝顶端的花药。

略觉遗憾的是,当时,这两株银缕梅均已到了花期的末尾,多数花朵看上去有点蔫了,只有少数几朵花开得正好,也有零星的花苞刚要绽放。有趣的是,2023 年 3 月 7 日,我特意又去了一趟古村,而这次见到的竟然是满树花苞,估计盛花期在一周以后!所以说,要做到"花开得正好,我来得正巧",是多么不容易啊!

身边的金缕梅科植物

在宁波,属于金缕梅科的原生植物并不多,除了金缕梅这位"科长",以及银缕梅这样的国宝级植物,其他还有蜡瓣花、腺蜡瓣花、灰白蜡瓣花、檵(jì)木、台湾蚊母树、牛鼻栓、枫香、缺萼枫香等。

大家对金缕梅、银缕梅可能都不熟悉,但或许见过一种城市绿地里的常见灌木即红花檵木,其花期是在春季,花很密集,花瓣形状和金缕梅的花一样为带状。在宁波,红花檵木并没有野生分布,但作为园林栽培植物则随处可见。

不过,在宁波的山里,檵木则十分常见,由于开的是白花,故又被称为白花檵木。檵木以灌木为多见,有时为小乔木,花期在三四月间。盛开时,但见满树花朵如雪白的小纸条随风轻摇,在鲜绿的新叶的衬托下显得非常醒目。走近观

◆ 红花檵木

◆ 檵木

察，发现它的好几朵花簇生在一起，而每一朵花又有 4—6 枚带状花瓣，故看上去非常密集。

2022 年 3 月下旬，在四明山高山上，就在有金缕梅分布的那一带，我无意中在路边发现了一种以前没见过的植物。它们并不高大，光秃秃的枝条尚未长出新叶，上面开满了嫩黄色的小花，清新而素雅。这些小花成串挂在一起，像是好多个低垂的小摇铃。在"摇铃"的中央，隐约可以看到暗红色的花药。

回家后翻书比对，很快确认这是一种属于金缕梅科蜡瓣花属的植物。那么，这到底是腺蜡瓣花还是蜡瓣花呢？《宁波植物图鉴》上说，这两者长得非常相似，主要区别在于前者的花序、总苞等部位均秃净无毛，而蜡瓣花的相同位置有明显的毛。于是，我把花的照片放到最大来看细节，则花上的柔毛清晰可见，由此确认拍到的是蜡瓣花。这过程，跟学习辨识外观高度相似的鸟种一样，颇为有趣。

◆ 蜡瓣花

从夏天无到油点草：野花的智慧

　　不知不觉，这本关于宁波野花的小书已到了尾声。前面的文章，主要讲述、呈现的是寻找野花的过程以及野花的美；那么，在最后，我想专门用点笔墨，讲讲野花的"智慧"。可能有人会说，野花又不是人，也不是动物，能谈得上"智慧"吗？

　　而我认为，是有的；很多人认为，是有的。

　　1911年，比利时作家莫里斯·梅特林克的作品《花的智慧》获得了诺贝尔文学奖。在梅特林克的笔下，各种花儿为了实现授粉，达到繁殖的目的，可谓"煞费苦心"，处处体现了造物之神奇。

是的，小小野花，也有很多巧妙的"心机"，有的是为了"错时竞争"，有的是为了吸引(甚至欺骗)能帮助授粉的昆虫……总之，都是为了生存与发展。下面讲几个小故事。

春花不可语夏

早春时节，行走在宁波的野外，尤其是山路边，常可见到一种粉紫色的小花，它们成串悬挂在约 10 厘米高的花茎上。俯身细看，发现其花形挺独特：每朵小花皆呈筒状，尾部尖，犹如小丑的高帽，而上下两枚花瓣张开，作展翅欲飞状。这就是夏天无，一种小巧可爱的野花。它具有这样的造型，其实是有用意的，即对于传粉的昆虫，它并非来者不拒，而是只欢迎特定大小的昆虫进入花的深处，到达花瓣后面的"尾巴"(术语叫作"距")的位置——通常那里是储存花蜜的地方。

夏天无，为罂粟科紫堇属的植物，为多年生草本，它还有一个比较学术化的名字，叫伏生紫堇。每年 2 月，随着天气逐步回暖，夏天无原本休眠在地下的块茎开始苏醒过来，抽生出绿绿的小苗，在早春的阳光下快速生长，并于 3 月迎来盛花期。

到了 4 月，花朵逐渐凋零，开始结果。春末，整个植株都枯萎了，地面上不再有它们的踪影。原来，这是一种喜凉怕热的植物，每当天气转热，在其他植物疯狂生长，争夺地面空间以及阳光的时候，夏天无便"识趣"地进入"避暑"模

◆ 春天，夏天无在山路边较常见

◆ 俯视夏天无的花与叶

式，只留块茎在地下，等待来年春天再醒来。

夏天无这个名字，很容易让人想起《庄子·秋水》中的那句话："井蛙不可以语于海者，拘于虚也；夏虫不可以语于冰者，笃于时也。"这是比喻人囿于各种限制，见识短浅。但很显然，对于夏天无来说，它主动选择"夏眠"，其实是一种生存的智慧。

宁波有很多早春开花植物都具有这样的特征，如珍稀的独花兰就是如此。而本地几种常见的紫堇属植物也不例外，如刻叶紫堇、珠芽尖距紫堇、黄堇等。在早春的山野里，可以见到多种紫堇属植物的小花，其中最常见、开花也最早的，当数刻叶紫堇。它的叶子具有明显的缺刻，故名。别小看这种常见的小草花，它们可是橙翅襟粉蝶、黄尖襟粉蝶等美丽的春蝶（其成虫只出现在春天）最爱光顾的蜜源植物呢。

◆ 黄尖襟粉蝶（雄）与刻叶紫堇

◆ 珠芽尖距紫堇

◆ 黄堇

奇特小花藏"玄机"

9月，是油点草的盛花期。油点草，是百合科的多年生草本，它的绿叶上常生不少灰黑如油迹的斑点(在春天的幼叶上最明显)，故名"油点"。较之于叶子上的斑点，油点草的花更显奇特。浙江的资深植物爱好者小丸子说："(油点草的)小花显得小巧玲珑，十分诱人，我以为它像极了一盏台灯。如果能够栽种成功，放在案头，装点书桌、窗台、茶几，肯定别具风味。"还有的网友说，油点草的花"就像小丑头上的帽子"。

为什么油点草的花会给人以这些想象？那是因为，它的花分上下两轮，非常精致。下面一轮，是反折的花被片，呈白色或淡红色，上有紫红斑点，具有诱导昆虫前来停歇、采蜜的作用；如果在花朵下面向上观察花的底部，会看到其基部膨大成囊状。上面一轮，有6枚雄蕊，它们先向外伸出，有着很多花粉的顶端却又向下低垂。

我曾蹲在一边守候，观察前来访花的昆虫。没多久，一只满身绒毛的蜜蜂飞了过来，这家伙停在下轮的花被片上，低头往囊状的基部探寻花蜜。不过，小花留给它的空间实在不多，因此当这只蜂儿在那里蹭来蹭去时，它的背部就沾满了雄蕊上的花粉。而当它飞到另外一朵花上重复刚才的过程时，背上的花粉自然而然被带到了另外一朵花上，从而完成了异花传粉。

◆ 油点草

◆ 蜜蜂在探寻油点草的花蜜，同时也帮着完成了授粉

◆ 油点草的花底部的"囊"

跟油点草一样，鸭跖草的花造型也很独特，都是让人过目不忘的小花。鸭跖草为鸭跖草科的一年生草本，花期很长，从初夏到深秋均可见到。它的花形十分独特，如作势欲飞的昆虫，故又有碧蝉花、翠蝴蝶之称。提到鸭跖草，人们常爱引用宋代诗人杨巽斋的《碧蝉儿花》："扬葩簌簌傍疏篱，薄翅舒青势欲飞。几误佳人将扇扑，始知错认枉心机。"

　　不过，在我看来，与其说鸭跖草的花像碧蝉，不如说像翠蝶：最显眼的，自然是上方两枚天蓝色的花瓣，它们轻薄如蝉翼，很像是扇动的蝶翅。其实，鸭跖草的花还有一枚半透明的白色小花瓣，它非常低调地躲在花朵的最下面，而且容易萎缩而早落，因此不易为人注意。

　　除了张扬的蓝色花瓣，鸭跖草的花还有另外一个特别之处——拥有非常独特的"异型雄蕊"。其雄蕊共6枚，花的最中间有3枚并排的矮小雄蕊，看起来像是这朵花的狡黠的小眼睛。这是3枚已退化的雄蕊，顶端的花药为鲜艳的黄色和紫红色，不可育，只起到吸引昆虫飞来的作用。真正具有可育花药的，是下面的3枚雄蕊。这3枚中有一枚的花丝较短，所处位置靠近3枚退化雄蕊，而另两枚雄蕊具有细长的卷须，几乎与不起眼的雌蕊等长（有的花见不到雌蕊）。

　　现在好戏开场了。有一只食蚜蝇飞来，它直奔鸭跖草的花中央的雄蕊而去，先在那里振翅悬停了很短的时间，然后就轻轻着陆在卷须状的雄蕊上。自然而然地，这只食蚜蝇的脚与胸腹部都沾上了有活性的花粉，当它飞往另一朵花进餐时，就替鸭跖草完成了传粉。

◆ 食蚜蝇飞向鸭跖草的花

花的智慧，各有不同

以上说的油点草与鸭跖草，都是"以虫为媒"，故千方百计"打扮"自己，以吸引昆虫前来，帮助自己完成传宗接代的任务。还有的花，除了依靠虫媒，同时还发展出了一套保护自己的策略，也很有意思。

毛梗豨莶（xī xiān）是一种比较常见的野生菊科植物，但它的花和其他菊科植物有很大不同。豨莶，也是一个很奇怪的名字。豨，就是猪的意思；莶，是指有辛味。合起来，大概就是说这种草的气味不好闻。我没折豨莶草来闻过，故不知它的气味如何。这里单说它的花。毛梗豨莶的小花外围有5—6根长得不像是花瓣的东西，实际上它们是苞片。用手指碰一下这些苞片，觉得有点黏。通过微距镜头拍摄，放大照片后一看，这些苞片上有很多微小的"水滴"，但猜不出此为何物，又有什么用。

后来，我的一位朋友，即在中国科学院西双版纳热带植物园工作的刘老师，他回复我说：这些微小的"水滴"，正是一种黏液，可以粘住某些以植物为食的小虫子，而被粘住的小虫可以吸引肉食性的虫子前来。由于这些肉食性虫子个子较大，因此不会被粘住，于是在不经意间成了毛梗豨莶的"保镖"，保护植株不被植食性的虫子啃食。原来如此！这可真让我想不到。

人们常说："万物有灵且美。"这用来形容身边随处可见

◆ 毛梗豨莶

的野花，同样是适用的。当然前提是，亲爱的读者，你必须是一个敬畏自然、关心万物的有心人。

图书在版编目（CIP）数据

野花有约：宁波四季赏花之旅 / 张海华著；张可航绘 . -- 宁波：宁波出版社，2023.11
ISBN 978-7-5526-5163-8

Ⅰ . ①野… Ⅱ . ①张… ②张… Ⅲ . ①植物 – 普及读物 Ⅳ . ① Q94-49

中国国家版本馆 CIP 数据核字（2023）第 194440 号

Yehua You Yue: Ningbo Siji Shanghua Zhi Lü

野花有约 宁波四季赏花之旅

张海华 著　　张可航 绘

出版发行	宁波出版社
	宁波市甬江大道 1 号宁波书城 8 号楼 6 楼　315040
	编辑部电话　0574-87341015
责任编辑	苗梁婕
责任校对	谢路漫
责任印制	陈　钰
装帧设计	马　力
开　　本	889mm×1194mm　1 / 32
总 印 张	9.75
总 字 数	200 千
印　　刷	宁波白云印刷有限公司
版　　次	2023 年 11 月第 1 版
印　　次	2023 年 11 月第 1 次印刷
标准书号	ISBN 978-7-5526-5163-8
定　　价	78.00 元